Mehrfach gelagerte abgesetzte und gekröpfte Kurbelwellen

Anleitung für die statische Berechnung
mit durchgeführten Beispielen
aus der Praxis

von

Dr.-Ing. A. Gessner
Professor an der Deutschen Technischen Hochschule
in Prag

Mit 52 Textabbildungen

Berlin
Verlag von Julius Springer
1926

ISBN 978-3-642-50427-3 ISBN 978-3-642-50736-6 (eBook)
DOI 10.1007/978-3-642-50736-6

Vorwort.

Auf Wunsch der Fachprofessoren der Maschinenbauabteilung unserer Hochschule halte ich seit einigen Jahren besondere Vorlesungen über die Berechnung mehrfach gelagerter und gekröpfter Kurbelwellen. Der eingehenderen Beschäftigung mit diesem Sondergebiet der Festigkeitslehre verdankt das vorliegende Büchlein, das vor allem dem schaffenden Ingenieur der Praxis dienen will, seine Entstehung. Für die Unterstützung bei der Druckfehlerberichtigung bin ich meinem Kollegen Professor K. Körner und meinem Assistenten Ingenieur W. Zeidler ebenso zu Dank verpflichtet wie dem Verlag für die treffliche Ausstattung, die er meiner Arbeit gegeben hat.

Prag, im November 1925.

A. Gessner.

Inhaltsverzeichnis.

Einleitung.

Die vorliegende Arbeit soll vor allem dem schaffenden Ingenieur der Praxis bei der Berechnung von mehrfach gelagerten Kurbelwellen wechselnden Durchmessers, sowie von gekröpften Kurbelwellen an die Hand gehen. Kurbelwellen mit mehreren Kröpfungen werden heute im Bau von Dampfmaschinen und Verbrennungsmotoren aller Art in so weitgehendem Maße angewendet, daß sie zweifellos zu den wichtigsten Bauteilen des Maschinenbaues gehören. Da von der richtigen Wahl ihrer Abmessungen sehr viel abhängt, so muß es eigentlich wundernehmen, daß ihre statische Berechnung bisher sehr im argen liegt. Zumeist begnügt man sich damit, wenn eine Berechnung überhaupt angestellt wird, die mehrfach gelagerte Welle ohne Rücksicht darauf, daß ihre Lagerung statisch unbestimmt ist, in Teilwellen zu zerlegen, die dann als frei aufliegende Träger behandelt werden. Im Schrifttum findet sich verstreut wohl eine Reihe von Arbeiten[1]), die sich mit der richtigen Berechnung derartiger Wellen befassen. Am bekanntesten dürften aber die diesem Gegenstande besonders gewidmeten Schriften von Enßlin („Mehrmals gelagerte Kurbelwellen mit einfacher und doppelter Kröpfung", Stuttgart: Arnold Bergsträsser 1902) und Gompertz („Über abgesetzte und gekröpfte Wellen", Berlin: Leonhard Simion Nchf. 1913) geworden sein. Enßlin behandelt indes in seiner Arbeit nur einige besondere Fälle von drei- und vierfach gelagerten, einfach oder doppelt gekröpften Wellen in einer Berechnungsweise, die außerordentlich umständlich ist und sich auf andere Fälle nur schwer übertragen läßt. Gompertz versucht zwar eine allgemeine Lösung, doch sind auch seine Formeln so verwickelt und unübersichtlich, daß es begreiflich erscheint, wenn sie keine weitere Verbreitung finden konnten; überdies enthält die letztgenannte Arbeit auch verschiedene, nicht unbedenkliche Irrtümer und Unrichtigkeiten.

Ein für die Praxis brauchbares Verfahren muß vor allem übersichtlich und tunlichst einfach sein, damit der praktische Ingenieur nicht gleich von Anfang vor dem Anblick endloser Formeln zurück-

[1]) Siehe u. a.: Duffing: Beitrag zur Bestimmung der Formveränderung gekröpfter Kurbelwellen. — Holzer: Drehschwingungen. S. 6. Berlin: Julius Springer 1921. — Heidebroek: Berechnung von mehrfach gekröpften schnelllaufenden Wellen, Maschinenbau, Gestaltung, H. 4. 1922.

schreckt. Bei theoretisch möglichst einwandfreier Behandlung müssen die gewonnenen Ansätze allgemein und für die verschiedensten Wellenformen und alle Kurbelstellungen anwendbar sein. Die notwendigen Entwicklungen sollen auch für den Durchschnittsfachmann, dem tieferes Eindringen in die Elastizitäts- und Festigkeitslehre nicht möglich ist, leicht verständlich sein. Vor allem aber mußte auf eine übersichtliche Bezeichnung der größte Wert gelegt werden, damit die Anwendung der entwickelten Formeln auch dann noch ohne Irrtümer möglich ist, wenn auch ihre Entwicklung nicht voll erfaßt wird; mit anderen Worten, der ganze Rechnungsgang sollte weitgehend mechanisiert werden.

In der folgenden Arbeit glaubt der Verfasser diesen Ansprüchen gerecht geworden zu sein. Zur statischen Lösung mehrfach gelagerter und abgesetzter, gekröpfter oder nicht gekröpfter Wellen werden Einflußzahlen verwendet. Die Gleichungen zur Berechnung dieser Einflußzahlen aus den Abmessungen der Wellen sind verhältnismäßig sehr einfach; die gefundenen Einflußzahlen gestatten die Berechnung nicht nur der statisch unbestimmten Stützenwiderstände, sondern auch der Neigungswinkel der Welle in den Lagern für alle möglichen Kurbelstellungen. Auch die Berechnung der Durchbiegungen nicht gekröpfter Wellenteile ist leicht durchführbar. Die bezüglichen Gleichungen für die Berechnung der statisch unbestimmten Größen werden durch Verwendung der Einflußzahlen sehr übersichtlich und verständlich.

Zu einer leicht faßlichen Entwicklung der Formeln für die Einflußzahlen konnte mit einfachsten Mitteln das Auslangen gefunden werden, wobei es sich noch herausstellte, daß es unter Verwendung einiger bekannter Lehrsätze aus der Festigkeitslehre gar nicht nötig ist, von der einseitig eingespannten Welle auszugehen, wie das in den früher genannten Arbeiten geschehen ist. Es ergaben sich weiters sehr einfache Zusammenhänge zwischen den Formänderungen einer Kröpfung in der Kröpfungsebene und senkrecht zu dieser, die dann in den Formeln für die bezüglichen Einflußzahlen zum Ausdruck kommen und bisher anscheinend noch nicht klar erkannt worden sind.

Zum besseren Verständnisse der theoretischen Entwicklungen, die mit zahlreichen Abbildungen versehen wurden, war es aber unerläßlich, die Anwendung des Rechnungsverfahrens an einigen praktischen Beispielen zu zeigen. Von den 9 durchgerechneten Beispielen sind mit Absicht die Beispiele 1, 2 und 5 den vorgenannten Arbeiten von Enßlin und Gompertz entnommen, um die wesentliche Vereinfachung des neuen Verfahrens klarzulegen[1]).

[1]) Alle Zahlenrechnungen in den Beispielen sind nur unter Verwendung eines Rechenschiebers von 50 cm Länge durchgeführt worden.

Bei mehr als fünffach gelagerten Kurbelwellen, deren Kröpfungen nicht in einer Ebene liegen oder unter 90^0 versetzt sind, kommt man allerdings bei der Berechnung der statisch unbestimmten Größen zu sehr langen Gleichungsgruppen, deren Auflösung im allgemeinen zu umständlich ist. Doch wird es sich nach Ansicht des Verfassers immer empfehlen, zunächst die richtigen Ansätze anzuschreiben und dann erst zu Vereinfachungen durch Vernachlässigungen zu greifen, deren Einfluß auf das Ergebnis dann viel klarer erkannt wird. Der übliche Vorgang der Berechnung solcher Wellen durch Zerlegung in frei aufliegende Teilwellen ist unter allen Umständen zu verwerfen, weil die Ergebnisse desto unrichtiger und unsinniger werden, je höher der Grad der statischen Unbestimmtheit der Welle und je größer deren Beanspruchung ist.

Die Durchrechnung der Beispiele ist im allgemeinen nur bis zur Ermittlung der statisch unbestimmten Stützenwiderstände durchgeführt worden; in den Ausdrücken für deren Werte treten die angreifenden Kräfte als allgemeine Größen P_a, P_b, ... auf. Die zahlenmäßige Ermittlung dieser Kräfte aus den Dampf- oder Gasdrücken unter Berücksichtigung der Beschleunigungsdrücke usw. für verschiedene Kurbelstellungen und die Bestimmung der ungünstigsten Kurbelstellung muß dem Konstrukteur überlassen bleiben, da eine bezügliche Entwicklung den Rahmen dieser Schrift weitaus überschreiten würde. Ist die statische Lösung der Aufgabe gelungen, so bereitet die Berechnung der auftretenden Spannungen in den einzelnen Wellenteilen aus den Biegungs- und Drehmomenten zwecks Vergleich mit der zulässigen Anstrengung des Baustoffes der Welle keine Schwierigkeiten mehr. Man kommt bei der Durchrechnung ausgeführter Wellen zu der Erkenntnis, daß diese zumeist reichliche Abmessungen aufweisen und ein Bruch durch Überschreitung der zulässigen Inanspruchnahme meist nicht zu befürchten ist.

Weit wichtiger ist die nur auf Grund einer statisch einwandfreien Lösung mögliche Bestimmung der Lagerdrücke und der Neigungswinkel der Wellen in den Lagern, durch die eine Schrägstellung der Wellenachse bedingt wird. Bei Überschreitung der zulässigen Werte droht in beiden Fällen nicht nur ein Warmlaufen der Welle, sondern auch eine übermäßige Abnützung in den Lagerschalen, die zu einer Verschiebung in der Lagerung führen muß. Welche einschneidende Veränderung in den Stützendrücken und damit in der Beanspruchung der Welle bei Senkung oder Hebung eines Lagers eintreten müssen, ist im letzten Abschnitt gezeigt. Wellenbrüche werden daher wohl in der Regel nicht auf zu hohe Spannungswerte infolge ungenügender Abmessungen der Welle, als vielmehr auf die Folgen der Formänderungen der Welle zurückzuführen sein.

Schließlich soll noch dem Einwand begegnet werden, daß eine genaue, statisch richtige Berechnung ohnedies in vielen Fällen zwecklos sei, weil eine dynamische Beanspruchung der Wellen vorliege. Dieser Einwand kann nur für abnorme Beanspruchungen gelten, die stoß- oder schlagweise erfolgen, keinesfalls aber bei ruhigem Lauf der Maschinen. Da der Stahl die Fähigkeit besitzt, in Tausendsteln von Sekunden beträchtliche bleibende Formänderungen auszubilden, so erfolgt die Fortpflanzung elastischer Impulse und das Anwachsen der hierdurch erzeugten Spannungen jedenfalls mit außerordentlicher Schnelligkeit. Man wird also von einer allmählich anwachsenden, daher statischen Belastung auch dann noch sprechen können, wenn dieses Anwachsen von Null auf den Höchstwert bei Motoren mit höheren Umdrehungszahlen innerhalb sehr kurzer Zeiträume erfolgt. Etwas anderes sind natürlich die durch Gleichgewichtsstörungen eintretenden kritischen Biegungs- oder Drehungsschwingungen, deren Untersuchung bei mehrfach gelagerten Wellen aber wieder erst erfolgen kann, wenn die Welle durch Anbringung der richtigen Stützenwiderstände ins freie Gleichgewicht gebracht wurde.

A. Mehrfach gelagerte Wellen ohne Kröpfung.

1. Bestimmung der Stützenwiderstände mehrfach gelagerter Wellen.

Eine Welle mit wechselnden Abmessungen des Durchmessers sei in k Punkten gelagert (Abb. 1). Die Lagerpunkte liegen durchwegs in gleicher Höhe, so daß die Wellenachse, wenn vom Eigengewicht der Welle abgesehen wird, im unbelasteten Zustand eine wagrechte Gerade bildet. Die Wellenlängen zwischen den Lagerpunkten sind mit $a, b \ldots i$ bezeichnet. Zwischen je zwei Lagerstellen möge eine der Lasten $P_a, P_b \ldots P_i$ lotrecht nach abwärts wirken, eine Be-

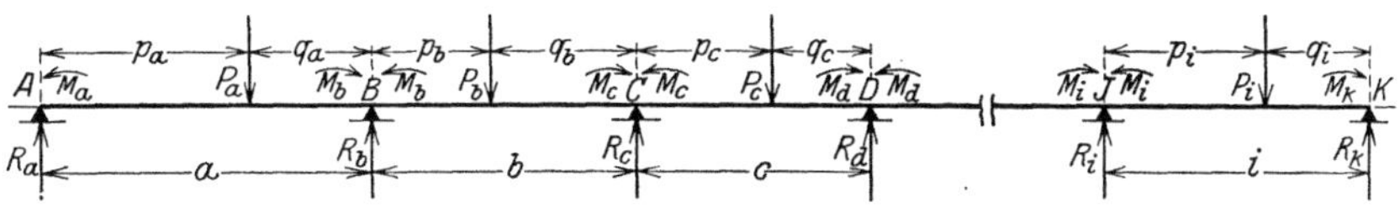

Abb. 1.

schränkung, die sowohl hinsichtlich der Richtung wie auch der Anzahl der wirkenden Kräfte später fallen gelassen werden kann. Die Stützenwiderstände in den Lagerpunkten $R_a, R_b \ldots R_i, R_k$ sind gleichfalls lotrecht gerichtet und liegen in einer Ebene mit den Lasten P, so daß die äußeren Kräfte, unter deren Wirkung die Welle steht, eine ebene Kräftegruppe bilden.

Die drei Gleichgewichtsbedingungen der Statik für ebene Kräftegruppen reichen zur Bestimmung der k unbekannten Stützenwiderstände R nicht aus. Wenn die Welle, wie dies in der Wirklichkeit stets der Fall ist, kleine Verschiebungen in ihrer Achsenrichtung erfahren kann, dann ist sie $(k-2)$-fach statisch unbestimmt.

Man denke sich nun die Welle durch lotrechte Querschnitte über den Mittellagern in lauter Teilwellen zerlegt, die man zunächst als in ihren Endpunkten frei aufliegende Träger ansehen kann. In Abb. 2 sind die beiden benachbarten Teilwellen a und b dargestellt. Die Stützenwiderstände dieser frei aufliegenden Teilwellen lassen sich sofort angeben.

In Hinkunft sollen alle zu einer Teilwelle gehörigen Größen die Bezeichnung der Stützweite dieser Teilwelle als Zeiger erhalten, also alle zur Teilwelle a gehörigen den Zeiger a, die zur Teilwelle b gehörigen den Zeiger b usw. Ferner sollen alle Auflagergrößen am **linken** Ende einer Teilwelle **mit dem Zeiger 1**, am **rechten** Ende **mit dem Zeiger 2** versehen werden. Die Stützenwiderstände der frei aufliegenden Teilwellen a und b sind dementsprechend mit $R_{a,1}$ und $R_{a,2}$ bzw. $R_{b,1}$ und $R_{b,2}$ zu bezeichnen.

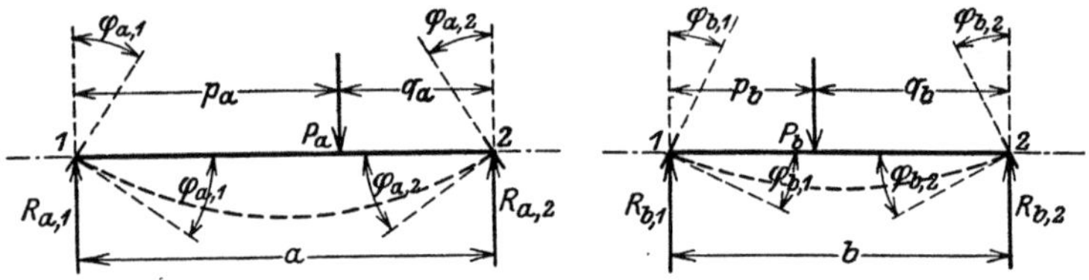

Abb. 2.

Setzt man weiters fest, daß üblicherweise die Stützenwiderstände mit $+$-Vorzeichen versehen werden, wenn sie nach aufwärts gerichtet sind, so erhält man die Gleichungen:

$$\left.\begin{array}{ll} R_{a,1} = P_a \cdot \dfrac{q_a}{a}, & R_{a,2} = P_a \cdot \dfrac{p_a}{a} \\[2ex] R_{b,1} = P_b \cdot \dfrac{q_b}{b}, & R_{b,2} = P_b \cdot \dfrac{p_b}{b} \end{array}\right\} \qquad (1)$$

Zur Ermittlung der Stützenwiderstände $R_a, R_b \ldots R_i, R_k$ der ungeteilten Welle genügt es aber nicht, die so berechneten Stützenwiderstände der frei aufliegend gedachten Teilwellen entsprechend zu summieren. Wären die Teilwellen a und b tatsächlich von einander unabhängig, so müßte sich der Endquerschnitt der Welle a über deren rechtem Auflager unter Wirkung der Last P_a um den Winkel $\varphi_{a,2}$ gegen seine ursprünglich lotrechte Lage neigen, während die Endtangente an die elastische Linie gegen die unverformte wagrechte Wellenachse denselben Winkel $\varphi_{a,2}$ bilden müßte (Abb. 2); ebenso müßte sich der Endquerschnitt der Teilwelle b über deren linkem Auflager um einen Winkel $\varphi_{b,1}$ neigen und die Endtangente mit der Wagrechten den Winkel $\varphi_{b,1}$ einschließen. Tatsächlich hängen aber beide Teilwellen zusammen; ihr gemeinsamer Endquerschnitt wird daher, sofern nicht ein Bruch der Welle eintreten soll, eine bestimmte Neigung gegen seine ursprüngliche Lage haben, so daß die Endtangenten der elastischen Linien beider Teilwellen im gemeinsamen Auflager in eine Gerade fallen (Abb. 3).

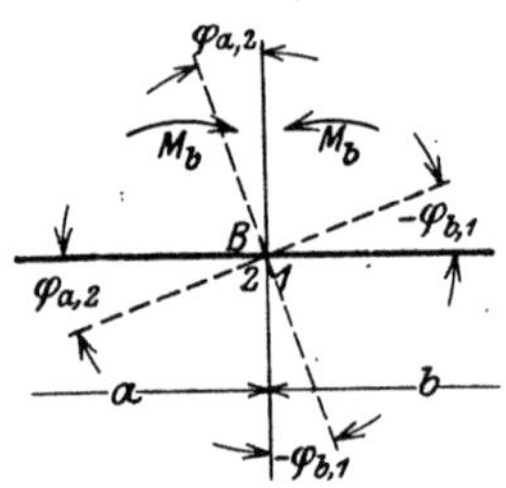

Abb. 3.

Trifft man bezüglich der Vorzeichen für die Winkel der Endtangenten gegen die zugehörige Verbindungsstrecke 1, 2 der Lagerpunkte die Bestimmung, daß sie + zu bezeichnen sind, wenn die Neigung der Endtangente an die elastische Linie durch eine Drehung nach unten, dagegen —, wenn sie durch eine Drehung nach oben entstanden ist, so folgt die Bedingungsgleichung:

$$\varphi_{a,2} = -\varphi_{b,1} \tag{1a}$$

Um die durch Gl. (1a) ausgesprochene Bedingung zu erfüllen, ist es notwendig, am rechten Ende der Teilwelle a und am linken Ende der Teilwelle b je ein Biegungsmoment M_b anzubringen, durch das die Endquerschnitte, die unter Wirkung der Lasten P_a und P_b verschiedene Neigung annehmen würden, so lange zurückgedreht werden, bis sie in eine gemeinsame Ebene fallen, bzw. bis die Endtangenten an die elastischen Linien der Teilwellen in eine gemeinsame Gerade kommen. Da an den inneren Lagern der Welle niemals äußere Kräfte übertragen werden, so müssen beide Biegungsmomente M_b aus Gleichgewichtsgründen an Größe einander gleich und dem Drehsinn nach entgegengesetzt gerichtet sein; sie sollen Lagermomente genannt werden.

Solche Lagermomente $M_b, M_c \ldots M_i$ sind nun auch an allen übrigen Schnittstellen der Welle anzubringen (Abb. 1). An den Außenlagern der Welle werden von der Lagerung herrührende Momente nicht auftreten. Wohl aber können hier Momente M_a und M_k durch äußere Kräfte erzeugt werden; der Vollständigkeit halber wurden auch diese Momente angebracht, sie sind aber von vornherein als bekannt anzusehen. Wenn sie nicht vorhanden sind, dann hat man sie gleich Null zu setzen.

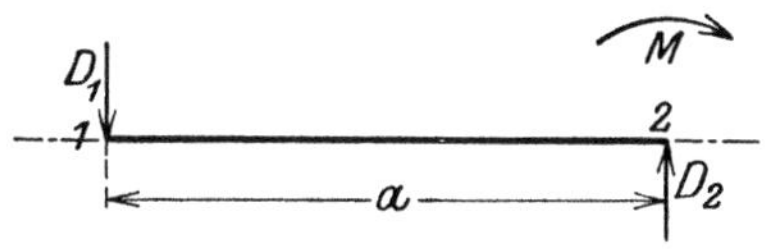

Abb. 4.

Wirkt auf den rechten Endquerschnitt eines Trägers von der Stützweite a ein Moment M, so müssen diesem Moment Stützenwiderstände D das Gleichgewicht halten, die ein Drehmoment gleicher Größe, aber entgegengesetzten Drehsinnes ergeben (Abb. 4). Unter Beachtung der Festsetzung über das Vorzeichen der Stützenwiderstände ergibt sich

$$D_1 = -\frac{M}{a}, \qquad D_2 = +\frac{M}{a}$$

Wirken nun an beiden Enden der Teilwellen a und b Momente (Abb. 1), so ergeben sich für die von ihnen erzeugten Stützenwiderstände die Werte:

$$\left.\begin{aligned} D_{a,1} &= -\frac{M_b - M_a}{a}, \quad & D_{a,2} &= \frac{M_b - M_a}{a} \\ D_{b,1} &= -\frac{M_c - M_b}{b}, \quad & D_{b,2} &= \frac{M_c - M_b}{b} \end{aligned}\right\} \tag{1b}$$

So erhält man schließlich die wirklichen Stützenwiderstände R_a im Außenlager A und R_b im Lager B zwischen den Teilwellen a und b (Abb. 1) als Summe der Stützenwiderstände, herrührend von den Lasten P_a und P_b und der Stützenwiderstände, herrührend von den Lagermomenten mit

$$\begin{aligned} R_a &= R_{a,1} + D_{a,1} \\ R_b &= R_{a,2} + R_{b,1} + D_{a,2} + D_{b,1} \end{aligned}$$

und mit den Werten aus den Gl. (1) und (1b)

$$R_a = P_a \cdot \frac{q_a}{a} - \frac{M_b - M_a}{a}$$

$$R_b = P_a \cdot \frac{p_a}{a} + P_b \cdot \frac{q_b}{b} + \frac{M_b - M_a}{a} - \frac{M_c - M_b}{b}.$$

Damit ergibt sich für sämtliche Stützenwiderstände R_a bis R_k

$$\left.\begin{aligned} R_a &= P_a \cdot \frac{q_a}{a} + \frac{M_a}{a} - \frac{M_b}{a} \\ R_b &= P_a \cdot \frac{p_a}{a} + P_b \cdot \frac{q_b}{b} - \frac{M_a}{a} + M_b \frac{a+b}{ab} - \frac{M_c}{b} \\ R_c &= P_b \cdot \frac{p_b}{b} + P_c \cdot \frac{q_c}{c} - \frac{M_b}{b} + M_c \frac{b+c}{bc} - \frac{M_d}{c} \\ &\cdots\cdots\cdots\cdots\cdots\cdots \\ R_k &= P_i \cdot \frac{p_i}{i} - \frac{M_i}{i} + \frac{M_k}{i} \end{aligned}\right\} \tag{2}$$

In diesen Gleichungen sind zunächst die $(k-2)$ Lagermomente $M_b \ldots M_i$ unbekannt. Zu ihrer Bestimmung dient die Bedingung der paarweisen Gleichheit der Neigungswinkel der Querschnitte über allen inneren Lagern, die durch Gl. (1a) ausgesprochen ist; man erhält daher in den Ausdrücken

$$\left.\begin{aligned} \varphi_{a,2} &= -\varphi_{b,1} \\ \varphi_{b\ 2} &= -\varphi_{c,1} \\ \varphi_{c,2} &= -\varphi_{d,1} \\ &\cdots\cdots \\ \varphi_{h,2} &= -\varphi_{i,1} \end{aligned}\right\} \tag{3}$$

$(k-2)$ Bedingungsgleichungen, die zur Ermittlung der unbekannten Lagermomente dienen.

Folgt nun der Baustoff der Welle, dessen Elastizitätsmaß mit E bezeichnet sein möge, dem Proportionsgesetz, so lassen sich für die Neigungswinkel folgende Werte anschreiben:

$$\left.\begin{aligned}
\varphi_{a,1} &= \frac{1}{E}\cdot(P_a\cdot\gamma_{a,1} - M_a\cdot\alpha_{a,1} - M_b\cdot\beta_{a,1})\\
\varphi_{a,2} &= \frac{1}{E}\cdot(P_a\cdot\gamma_{a,2} - M_a\cdot\alpha_{a,2} - M_b\cdot\beta_{a,2})\\
\varphi_{b,1} &= \frac{1}{E}\cdot(P_b\cdot\gamma_{b,1} - M_b\cdot\alpha_{b,1} - M_c\cdot\beta_{b,1})\\
\varphi_{b,2} &= \frac{1}{E}\cdot(P_b\cdot\gamma_{b,2} - M_b\cdot\alpha_{b,2} - M_c\cdot\beta_{b,2})\\
&\cdots\cdots\cdots\cdots\cdots\cdots\\
\varphi_{i,1} &= \frac{1}{E}\cdot(P_i\cdot\gamma_{i,1} - M_i\cdot\alpha_{i,1} - M_k\cdot\beta_{i,1})\\
\varphi_{i,2} &= \frac{1}{E}\cdot(P_i\cdot\gamma_{i,2} - M_i\cdot\alpha_{i,2} - M_k\cdot\beta_{i,2})
\end{aligned}\right\}\qquad(4)$$

Die Bedeutung der Koeffizienten ist leicht zu erkennen. Läßt man z. B. an der Teilwelle a (Abb. 1) die Momente M_a und M_b verschwinden und setzt die Last $P_a = 1$ kg, so ergibt sich aus der obigen Gleichung für $\varphi_{a,1}$

$$\varphi_{a,1} = \frac{1}{E}\cdot\gamma_{a,1}\qquad(4\text{a})$$

Der Koeffizient $\gamma_{a,1}$ geteilt durch das Elastizitätsmaß E stellt daher die Größe des Neigungswinkels des linken Endquerschnittes 1 der frei aufliegenden Teilwelle a dar, wenn die Welle mit der Last von 1 kg an der Angriffsstelle von P_a belastet ist. Ebenso wird für $P_b = 0$, $M_c = 0$ und $M_b = 1$ cmkg aus der dritten Gleichung unter 4

$$\varphi_{b,1} = -\frac{1}{E}\cdot\alpha_{b,1}\qquad(4\text{b})$$

Der Koeffizient $\alpha_{b,1}$ geteilt durch E stellt daher die Größe der Neigung dar, die der linke Endquerschnitt 1 der freiaufliegenden Teilwelle b durch die Wirkung eines Lagermomentes $M_b = 1$ cmkg erfährt, das am linken Wellenende wirkt. Die Beiträge, die die Lagermomente M zu den Neigungswinkeln liefern, sind mit —-Vorzeichen eingesetzt, weil die Momente durch Zurückdrehen die Größe der Neigung der Endquerschnitte vermindern, die bei voneinander unabhängigen Teilwellen unter Wirkung der Lasten P entstehen würde.

Die Größen α, β, γ sind daher sogenannte Einflußzahlen. Der Einfluß der Lasten P ist stets mit γ bezeichnet; die Zeiger geben an, auf welchen Lagerquerschnitt sich die Einflußzahl bezieht, z. B. $\gamma_{a,2}$ auf den rechten Endquerschnitt der Teilwelle a.

Die Einflußzahlen der Momente sind mit α und β bezeichnet. Wirkt ein Moment bezüglich einer Teilwelle an deren **linkem** Ende, so werden seine Einflußzahlen für diese Teilwelle mit α bezeichnet und erhalten überdies noch die Zeiger 1

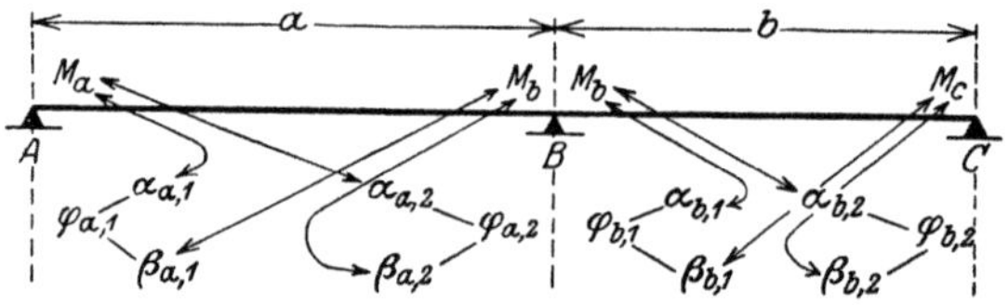

Abb. 5.

oder 2, je nachdem sie zum linken oder rechten Lager dieser Teilwelle gehören. Wirkt das Moment dagegen bezüglich einer Teilwelle an deren **rechtem** Lager, so erhalten seine Einflußzahlen die Bezeichnung β. So liefert z. B. das Moment M_b (Abb. 5), das bezüglich der Teilwelle a an deren rechtem Ende wirkt, für diese Welle die Einflußzahlen $\beta_{a,1}$ und $\beta_{a,2}$, dagegen für die Teilwelle b die Einflußzahlen $\alpha_{b,1}$ und $\alpha_{b,2}$. Das Schema der Bezeichnung geht aus Abb. 5 klar hervor.

Führt man die Ausdrücke für die Winkel φ aus den Gl. (4) in die Bedingungsgleichungen Gl. (3) ein, so erhält man mit

$$\left.\begin{array}{l}
P_a \cdot \gamma_{a,2} + P_b \cdot \gamma_{b,1} - M_a \cdot \alpha_{a,2} = M_b(\beta_{a,2} + \alpha_{b,1}) + M_c \cdot \beta_{b,1} \\
P_b \cdot \gamma_{b,2} + P_c \cdot \gamma_{c,1} = M_b \cdot \alpha_{b,2} + M_c(\beta_{b,2} + \alpha_{c,1}) + M_d \cdot \beta_{c,1} \\
P_c \cdot \gamma_{c,2} + P_d \cdot \gamma_{d,1} = M_c \cdot \alpha_{c,2} + M_d(\beta_{c,2} + \alpha_{d,1}) + M_e \cdot \beta_{d,1} \\
\cdots\cdots\cdots\cdots\cdots\cdots\cdots\cdots \\
P_h \cdot \gamma_{h,2} + P_i \cdot \gamma_{i,1} - M_k \cdot \beta_{i,1} = M_h \cdot \alpha_{h,2} + M_i(\beta_{h,2} + \alpha_{i,1})
\end{array}\right\} \quad (5)$$

eine Gruppe von $(k - 2)$ linearen Gleichungen, aus denen man, da M_a und M_k als bekannt anzusehen sind, die unbekannten Lagermomente $M_b \ldots M_i$ berechnen kann. Durch Einsetzen der gefundenen Werte in die Gl. (2) erhält man schließlich die gesuchten Stützenwiderstände $R_a \ldots R_k$, womit die Aufgabe statisch gelöst ist. Die Lösung bedingt natürlich die Kenntnis der Einflußzahlen, die aber nicht von der Größe der Lasten und Lagermomente, sondern lediglich von den Abmessungen der Welle und der Stellung der Lasten gegen die Lager abhängen.

Wirken z. B. auf eine Teilwelle b statt einer Last P_b zwei Lasten $P_{b,1}$ und $P_{b,2}$ (Abb. 6) mit den Lagerabständen $p_{b,1}$, $q_{b,1}$ und $p_{b,2}$, $q_{b,2}$, so ändern sich in den Gleichungsgruppen 2, 4 und 5 nur jene Glieder, in denen die Last P_b vorkommt. So werden die Gl. für R_b und R_c unter Gl. (2) nunmehr lauten

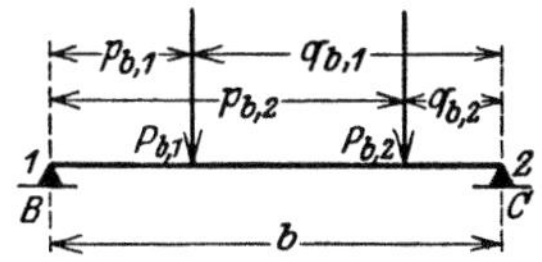

Abb. 6.

$$\left.\begin{aligned} R_b &= P_a \frac{p_a}{a} + P_{b,1}\frac{q_{b,1}}{b} + P_{b,2}\frac{q_{b,2}}{b} - \frac{M_a}{a} + M_b\frac{a+b}{a\,b} - \frac{M_c}{b} \\ R_c &= P_{b,1}\frac{p_{b,1}}{b} + P_{b,2}\frac{p_{b,2}}{b} + P_c\frac{q_c}{c} - \frac{M_b}{b} + M_c\frac{b+c}{b\,c} - \frac{M_d}{c} \end{aligned}\right\} \qquad (6\,\mathrm{a})$$

Bezeichnet man die Einflußzahlen für $P_{b,1}$ mit $\gamma_{(b,1)1}$ und $\gamma_{(b,1)2}$ und jene für $P_{b,2}$ mit $\gamma_{(b,2)1}$ und $\gamma_{(b,2)2}$, so ändern sich die linken Seiten der Gleichungen unter Gl. (5), in welchen P_b vorkommt in

$$\left.\begin{aligned} P_a\cdot\gamma_{a,2} + P_{b,1}\cdot\gamma_{(b,1)1} + P_{b,2}\cdot\gamma_{(b,2)1} &= \\ P_{b,1}\cdot\gamma_{(b,1)2} + P_{b,2}\cdot\gamma_{(b,2)2} + P_c\cdot\gamma_{c,1} &= \end{aligned}\right\} \qquad (6\,\mathrm{b})$$

Wirken die Lasten P_a, $P_b \ldots P_i$ nicht lotrecht, so lege man durch die Wellenachse eine wagrechte und eine lotrechte Belastungsebene und zerlege alle Kräfte P in ihre wagrechten Seitenkräfte $P_{a,h}$, $P_{b,h} \ldots P_{i,h}$ und in ihre lotrechten Seitenkräfte $P_{a,v}$, $P_{b,v} \ldots P_{i,v}$. Die Rechnung ist dann für beide Kräftegruppen in ganz gleicher Weise durchzuführen, wobei die ermittelten Einflußzahlen α, β, γ für beide Belastungsebenen unverändert benützt werden. Man erhält dann die Lagermomente $M_{b,h}$, $M_{c,h} \ldots M_{i,h}$ und Stützenwiderstände $R_{a,h}$, $R_{b,h} \ldots R_{k,h}$, die in der wagrechten und die Lagermomente $M_{b,v}$, $M_{c,v} \ldots M_{i,v}$ und Stützenwiderstände $R_{a,v}$, $R_{b,v} \ldots R_{k,v}$, die in der lotrechten Belastungsebene wirken; die Seitenkräfte der Stützenwiderstände $R_{a,h}$ und $R_{a,v}$, $R_{b,h}$ und $R_{b,v} \ldots R_{k,h}$ und $R_{k,v}$ sind dann nach Größe und Richtung zu den resultierenden Stützenwiderständen R_a, $R_b \ldots R_k$ zusammenzusetzen.

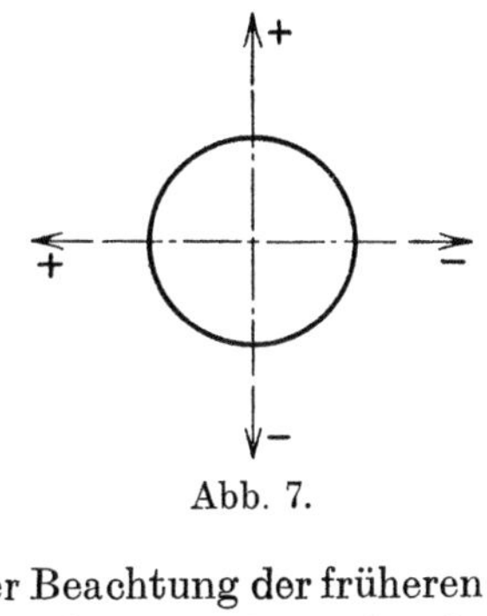

Abb. 7.

Für die Stützenwiderstände in der wagrechten Belastungsebene soll festgesetzt werden, daß sie + zu zählen sind, wenn sie nach links gerichtet sind; damit ergibt sich unter Beachtung der früheren Festsetzung für die Kräfte in der lotrechten Belastungsebene der in Abb. 7 festgelegte Richtungssinn der Stützenwiderstände, der im folgenden unverändert beibehalten werden soll. Auf welcher

Stirnseite der Welle der Beobachter seinen Standpunkt wählt, ist gleichgültig, nur muß dieser dann für die ganze Rechnung beibehalten werden. Die Seitenkräfte der angreifenden Kräfte $P_a, P_b \ldots P_i$ sind mit +-Vorzeichen einzuführen, wenn sie in ihrer Belastungsebene + gerichtete Stützenwiderstände erzeugen.

2. Bestimmung der Einflußzahlen α und β für die Lagermomente.

Eine Teilwelle a habe die in Abb. 8a dargestellte Form; die den verschiedenen Durchmessern entsprechenden Trägheitsmomente seien J_1, J_2, J_3. Die freiaufliegende Teilwelle sei zunächst nur durch das Moment $M_a = 1$ cmkg, wirkend am **linken** Lagerquerschnitt 1, belastet (Abb. 8c). Zwei im Abstand dx unendlich benachbarte Wellenquerschnitte in der Entfernung x vom linken Auflager werden sich dann nach den Regeln der Biegungslehre um den Winkel

$$d\varphi = \frac{M \cdot dx}{E \cdot J}$$

gegeneinander neigen, wenn M das Biegungsmoment und J das Trägheitsmoment im Querschnitt x bezeichnet. Der Winkel φ_a (Abb. 8b), um den sich der linke Lagerquerschnitt 1 gegen den rechten Lagerquerschnitt 2 neigt, gleichzeitig der Winkel zwischen den Endtangenten an die elastische Linie, ergibt sich durch Integration über die ganze Wellenlänge a mit

$$E \cdot \varphi_a = \frac{1}{J_1} \cdot \int_0^{m_1} M\,dx + \frac{1}{J_2} \int_{m_1}^{m_2} M\,dx + \frac{1}{J_3} \int_{m_2}^{a} M\,dx \,.$$

Die Integrale $\int M\,dx$ stellen die Flächeninhalte der Biegungsmomentenfläche dar, die unter Wirkung des angreifenden Momentes M_a entsteht; diese Momentenfläche ist ein Dreieck über der Grundlinie a, das man erhält, wenn man über dem Lager 1 das Moment $M_a = 1$ cmkg anträgt (Abb. 8c). Die Momentenfläche teile man in Teilflächen $F_{a,1}$, $F_{a,2}$, $F_{a,3}$, die sich über die Wellenteile gleichen Trägheitsmomentes erstrecken. Es ist dann

$$E \cdot \varphi_a = \frac{F_{a,1}}{J_1} + \frac{F_{a,2}}{J_2} + \frac{F_{a,3}}{J_3} \,.$$

Bei der Verformung der Welle wird sich der linke Endquerschnitt der Welle über dem Lager 1 gegen seine ursprünglich lotrechte Lage um den Winkel $\varphi_{a,1}$, der rechte Endquerschnitt um $\varphi_{a,2}$ neigen

(Abb. 8b). Die Summe beider Neigungswinkel muß natürlich φ_a ergeben, daher ist

$$\varphi_a = \varphi_{a,1} + \varphi_{a,2}\,.$$

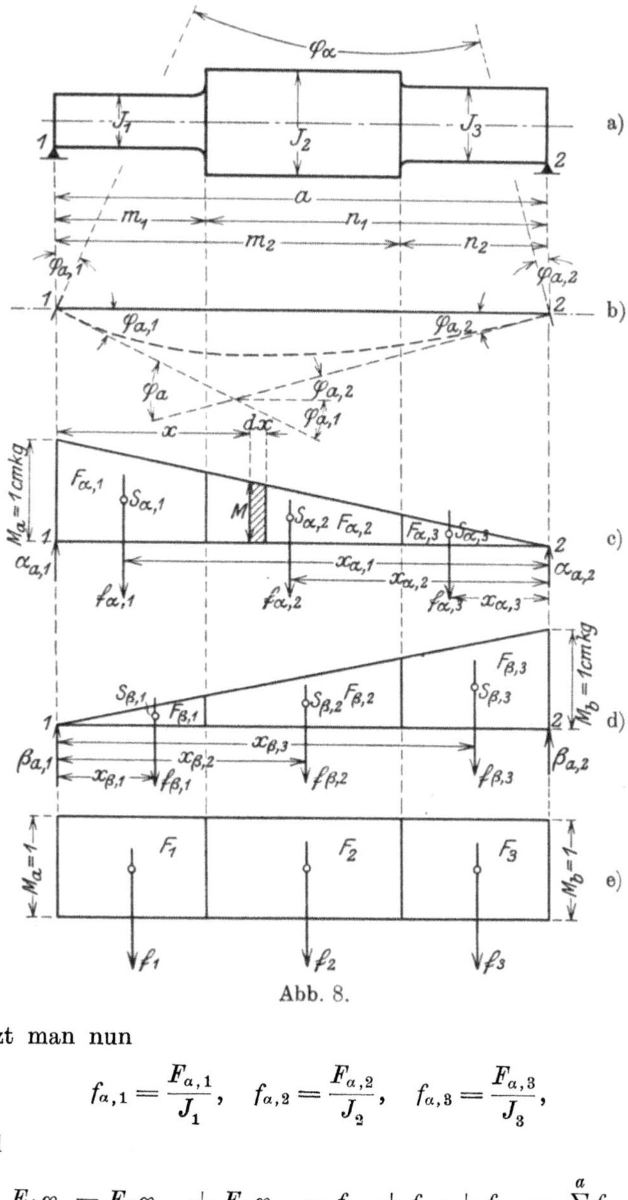

Abb. 8.

Setzt man nun

$$f_{\alpha,1} = \frac{F_{\alpha,1}}{J_1}, \quad f_{\alpha,2} = \frac{F_{\alpha,2}}{J_2}, \quad f_{\alpha,3} = \frac{F_{\alpha,3}}{J_3},$$

so wird

$$E \cdot \varphi_a = E \cdot \varphi_{a,1} + E \cdot \varphi_{a,2} = f_{\alpha,1} + f_{\alpha,2} + f_{\alpha,3} = \sum_0^a f_\alpha\,.$$

Nun ist aber entsprechend Gl. (4b) der Wert $E \cdot \varphi_{a,1}$ nichts anderes als die Einflußzahl $\alpha_{a,1}$ und ebenso $E \cdot \varphi_{a,2} = \alpha_{a,2}$, daher ist

$$\alpha_{a,1} + \alpha_{a,2} = \sum_0^a f_\alpha \,. \tag{7a}$$

Die Gl. (7a) reicht aber zur Bestimmung der beiden Einflußzahlen $\alpha_{a,1}$ und $\alpha_{a,2}$ noch nicht aus, da man nicht weiß, wie sich die Gesamtneigung φ_a auf die beiden Lagerquerschnitte verteilt. Um dies zu ermitteln, braucht man aber nur die Flächengrößen $f_{\alpha,1}$, $f_{\alpha,2}$, $f_{\alpha,3}$ als lotrechte Lasten in den Schwerpunkten $s_{\alpha,1}$, $s_{\alpha,2}$, $s_{\alpha,3}$ der Momentenflächen $F_{\alpha,1}$, $F_{\alpha,2}$, $F_{\alpha,3}$ wirken zu lassen (Abb. 8c). Die durch diese Belastung in den Lagern der Welle a erzeugten Stützenwiderstände stellen bereits die Einflußzahlen $\alpha_{a,1}$ und $\alpha_{a,2}$ dar, die man in üblicher Weise leicht berechnen kann. Zur Aufstellung der Momentengleichung wähle man aus später zu erörternden Gründen stets jenen Auflagerpunkt als Drehpunkt, auf den die Spitze des Momentendreiecks fällt, im vorliegenden Fall also 2. Dann ist, wenn die Schwerpunktsabstände von 2 mit $x_{\alpha,1}$, $x_{\alpha,2}$, $x_{\alpha,3}$ bezeichnet werden,

$$a \cdot \alpha_{a,1} = f_{\alpha,1} \cdot x_{\alpha,1} + f_{\alpha,2} \cdot x_{\alpha,2} + f_{\alpha,3} \cdot x_{\alpha,3} \,.$$

Setzt man noch

$$\mathfrak{M}_{\alpha,1} = f_{\alpha,1} \cdot x_{\alpha,1}\,, \qquad \mathfrak{M}_{\alpha,2} = f_{\alpha,2} \cdot x_{\alpha,2}\,, \qquad \mathfrak{M}_{\alpha,3} = f_{\alpha,3} \cdot x_{\alpha,3}\,,$$

so ist

$$\alpha_{a,1} = \frac{1}{a} \cdot \sum_0^a \mathfrak{M}_\alpha \,. \tag{7b}$$

Die Gl. (7a) liefert dann sofort die zweite Einflußzahl

$$\alpha_{a,2} = \sum_0^a f_\alpha - \alpha_{a,1} \,. \tag{7c}$$

Um die Einflußzahlen $\beta_{a,1}$ und $\beta_{a,2}$ der Teilwelle a zu finden, läßt man im rechten Lagerquerschnitt 2 das Moment $M_b = 1$ cmkg wirken (Abb. 8d). Die Zerlegung der Momentenfläche in Teilflächen erfolgt in ähnlicher Weise. Nur hat man jetzt als Drehpunkt für die Aufstellung der Momentengleichung zur Bestimmung der Einflußzahlen $\beta_{a,1}$ und $\beta_{a,2}$ als Stützenwiderstände der mit

$$f_{\beta,1} = \frac{F_{\beta,1}}{J_1}\,, \qquad f_{\beta,2} = \frac{F_{\beta,2}}{J_2}\,, \qquad f_{\beta,3} = \frac{F_{\beta,3}}{J_3}$$

belasteten Welle den Lagerpunkt 1 zu wählen, auf den die Spitze des Momentendreiecks fällt. Es ist mit $\mathfrak{M}_{\beta,1} = f_{\beta,1} \cdot x_{\beta,1}$, $\mathfrak{M}_{\beta,2} = f_{\beta,2} \cdot x_{\beta,2} \ldots$

$$\beta_{a,2} = \frac{1}{a} \cdot \sum_0^a \mathfrak{M}_\beta . \tag{7d}$$

Da natürlich wieder

$$\beta_{a,1} + \beta_{a,2} = \sum_0^a f_\beta \tag{7e}$$

ist, so erscheint auch $\beta_{a,1}$ bestimmt.

Nach dem bekannten Satz von Maxwell über die Gegenseitigkeit der Formänderungen muß aber der Einfluß $\alpha_{a,2}$, den das im Lagerquerschnitt 1 wirkende Moment $M_a = 1$ cmkg im Lagerquerschnitt 2 erzeugt, ebenso groß sein, wie der Einfluß $\beta_{a,1}$, den das im Lagerquerschnitt 2 wirkende Moment $M_b = 1$ cmkg im Lager 1 erzeugt, so daß die Einflußzahlen auch noch durch die Gleichung

$$\alpha_{a,2} = \beta_{a,1} \tag{8}$$

miteinander verbunden sind.

Wirken die Lagermomente $M_a = M_b = 1$ cmkg gleichzeitig, so wird die Biegungsmomentenfläche ein Rechteck (Abb. 8e). Werden ihre Teilflächen mit F_1, F_2 und F_3 bezeichnet und setzt man

$$f_1 = \frac{F_1}{J_1}, \quad f_2 = \frac{F_2}{J_2}, \quad f_3 = \frac{F_3}{J_3},$$

so gilt

$$\sum_0^a f_\alpha + \sum_0^a f_\beta = \sum_0^a f, \tag{9}$$

denn die rechteckige Momentenfläche ist die Einflußfläche für den ganzen Neigungswinkel der Endquerschnitte unter Wirkung beider Momente.

Besteht eine Teilwelle nur aus zylindrischen Teilen verschiedenen Durchmessers, so gestaltet sich die Berechnung der Größen f, f_α, f_β, $\mathfrak{M}_\alpha$, $\mathfrak{M}_\beta$ sehr einfach, denn die Teilflächen der Biegungsmomentenflächen sind ja einfache geometrische Gebilde wie Rechtecke, Trapeze und Dreiecke.

Wirkt auf die Welle a eine Einzellast P_a, so empfiehlt es sich für die spätere Berechnung der Einflußzahlen $\gamma_{a,1}$ und $\gamma_{a,2}$ dieser Last jenes Wellenstück gleichen Durchmessers, auf das die Kraft P_a einwirkt, nochmals durch die Kraftrichtung von P_a zu unterteilen. Damit ergeben sich z. B. in Abb. 9 je 5 Momententeilflächen. Mit den Bezeichnungen dieser Abbildung erhält man dann:

Für die Größen f der rechteckigen Momentenfläche (Abb. 9b):

$$\left.\begin{aligned}
f_1 &= \frac{F_1}{J_1} = \frac{1\cdot(a-n_1)}{\frac{\pi d_1^4}{64}} = 20{,}4\cdot\frac{a-n_1}{d_1^4}\\
f_2 &= \frac{F_2}{J_2} = \frac{1\cdot(n_1-n_2)}{\frac{\pi d_2^4}{64}} = 20{,}4\cdot\frac{n_1-n_2}{d_2^4}\\
f_3 &= \qquad\qquad = 20{,}4\cdot\frac{n_2-n_3}{d_3^4}\\
f_4 &= \qquad\qquad = 20{,}4\cdot\frac{n_3-n_4}{d_4^4}\\
f_5 &= \qquad\qquad = 20{,}4\cdot\frac{n_4}{d_5^4}
\end{aligned}\right\} \tag{10}$$

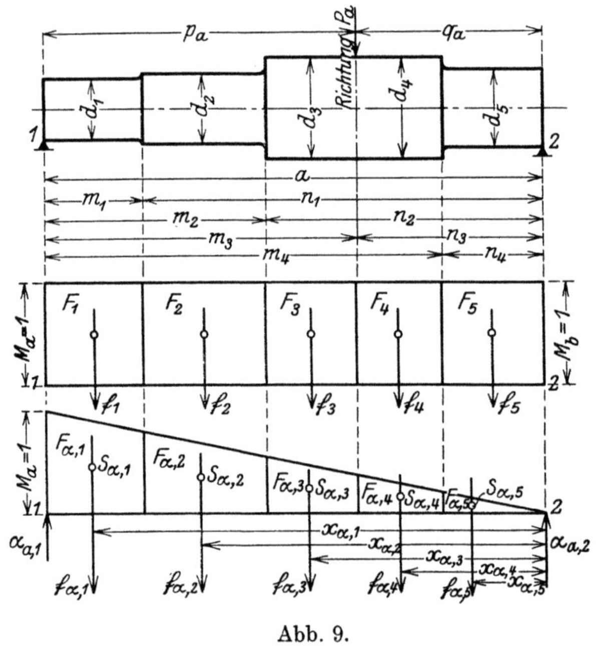

Abb. 9.

Für die Größen f_a und $\mathfrak{M}_a$ der dreieckigen Momentenfläche für das Moment $M_a = 1$ cmkg über dem linken Auflager 1 (Abb. 9c) ergibt sich:

$$\left.\begin{aligned}
f_{\alpha,1} &= \frac{F_{\alpha,1}}{J_1} = \frac{1}{\frac{\pi d_1^4}{64}} \cdot \frac{a^2 - n_1^2}{2a} = 10{,}2 \cdot \frac{1}{a} \cdot \frac{a^2 - n_1^2}{d_1^4} \\
f_{\alpha,2} &= \qquad\qquad\qquad = 10{,}2 \cdot \frac{1}{a} \cdot \frac{n_1^2 - n_2^2}{d_2^4} \\
f_{\alpha,3} &= \qquad\qquad\qquad = 10{,}2 \cdot \frac{1}{a} \cdot \frac{n_2^2 - n_3^2}{d_3^4} \\
f_{\alpha,4} &= \qquad\qquad\qquad = 10{,}2 \cdot \frac{1}{a} \cdot \frac{n_3^2 - n_4^2}{d_4^4} \\
f_{\alpha,5} &= \qquad\qquad\qquad = 10\ 2 \cdot \frac{1}{a} \cdot \frac{n_4^2}{d_5^4}
\end{aligned}\right\} \quad (11)$$

$$\left.\begin{aligned}
\mathfrak{M}_{\alpha,1} &= f_{\alpha,1} \cdot x_{\alpha,1} = \frac{1}{\frac{\pi d_1^4}{64}} \cdot \frac{a^3 - n_1^3}{3a} = 6{,}8 \cdot \frac{1}{a} \cdot \frac{a^3 - n_1^3}{d_1^4} \\
\mathfrak{M}_{\alpha,2} &= \qquad\qquad\qquad = 6{,}8 \cdot \frac{1}{a} \cdot \frac{n_1^3 - n_2^3}{d_2^4} \\
\mathfrak{M}_{\alpha,3} &= \qquad\qquad\qquad = 6{,}8 \cdot \frac{1}{a} \cdot \frac{n_2^3 - n_3^3}{d_3^4} \\
\mathfrak{M}_{\alpha,4} &= \qquad\qquad\qquad = 6{,}8 \cdot \frac{1}{a} \cdot \frac{n_3^3 - n_4^3}{d_4^4} \\
\mathfrak{M}_{\alpha,5} &= \qquad\qquad\qquad = 6{,}8 \cdot \frac{1}{a} \cdot \frac{n_4^3}{d_5^4}
\end{aligned}\right\} \quad (12)$$

Ebenso erhält man für die Größen f_β und $\mathfrak{M}_\beta$ (Moment $M_b = 1$ cmkg über dem rechten Auflager 2):

$$\left.\begin{aligned}
f_{\beta,1} &= 10{,}2 \cdot \frac{1}{a} \cdot \frac{m_1^2}{d_1^4} \\
f_{\beta,2} &= 10{,}2 \cdot \frac{1}{a} \cdot \frac{m_2^2 - m_1^2}{d_2^4} \\
&\ldots\ldots\ldots\ldots \\
\mathfrak{M}_{\beta,1} &= 6{,}8 \cdot \frac{1}{a} \cdot \frac{m_1^3}{d_1^4} \\
\mathfrak{M}_{\beta,2} &= 6{,}8 \cdot \frac{1}{a} \cdot \frac{m_2^3 - m_1^3}{d_2^4} \\
&\ldots\ldots\ldots\ldots
\end{aligned}\right\} \quad (13)$$

Sehr häufig kommen in Wellen auch Stücke von Kegelstutzform (konische Übergänge) vor (Abb. 10a). Das Trägheitsmoment ist dann für die dem konischen Teil entsprechende Biegungsmomententeilflächen nicht mehr gleichbleibend. Der Durchmesser an einer beliebigen Stelle des kegelförmigen Stückes sei d, das zugehörige Trägheitsmoment J_d. Mit den Bezeichnungen der Abb. 10a, b und c

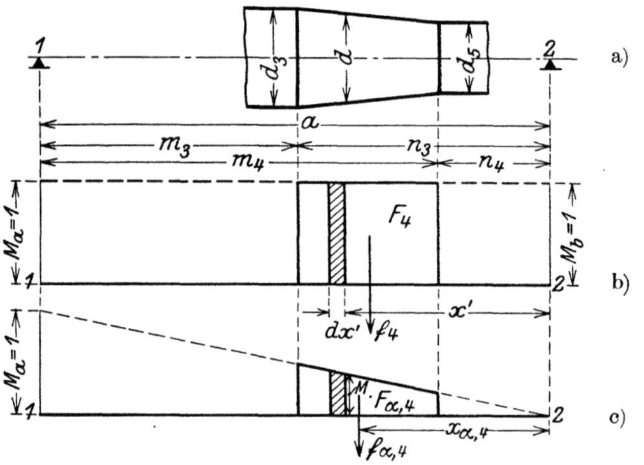

Abb. 10.

ermitteln sich dann für die Größen f, f_a und $\mathfrak{M}_a$ der dem konischen Wellenstück entsprechenden Momententeilflächen folgende Ausdrücke:

$$f_4 = \int\limits_{n_4}^{n_3} \frac{1 \cdot dx'}{J_d} = \frac{64}{\pi} \cdot \int\limits_{n_4}^{n_3} \frac{1 \cdot dx'}{d^4}$$

$$f_4 = 20{,}4 \cdot \frac{n_3 - n_4}{3} \cdot \frac{d_3^2 + d_3 d_5 + d_5^2}{d_3^2 \cdot d_5^2} \tag{14}$$

ferner

$$f_{a,4} = \int\limits_{n_4}^{n_3} \frac{M \cdot dx'}{J_d} = \frac{64}{\pi} \cdot \int\limits_{n_1}^{n_3} \frac{1 \cdot x' \cdot dx'}{a \cdot d^4}$$

$$f_{a,4} = 10{,}2 \frac{n_3 - n_4}{3a} \cdot \left[\frac{n_3}{d_3^3 \cdot d_5}\left(2 + \frac{d_3}{d_5}\right) + \frac{n_4}{d_3 \cdot d_5^3}\left(2 + \frac{d_5}{d_3}\right)\right] \tag{15}$$

und endlich

$$\mathfrak{M}_{a,4} = f_{a,4} \cdot x_{a,4} = \int\limits_{n_4}^{n_3} \frac{M \cdot x' \cdot dx'}{J_d} = \frac{64}{\pi} \cdot \int\limits_{n_3}^{n_4} \frac{1 \cdot x'^2 \cdot dx'}{a \cdot d^4}$$

$$\mathfrak{M}_{a,4} = 6{,}8 \cdot \frac{n_3 - n_4}{a}\left(\frac{n_3^2}{d_3^3 \cdot d_5} + \frac{n_3 n_4}{d_3^2 \cdot d_5^2} + \frac{n_4^2}{d_3 \cdot d_5^3}\right) \tag{16}$$

Diese Werte gehen mit $d_3 = d_4 = d_5$ sofort in die Ausdrücke für einen zylindrischen Wellenteil vom gleichbleibenden Durchmesser d_4 entsprechend den Gl. (10) bis (12) über; da sie symmetrisch gebaut sind, so kann man auch die Werte für $f_{\beta,4}$ und $\mathfrak{M}_{\beta,4}$ sofort anschreiben:

$$\left.\begin{aligned} f_{\beta,4} &= 10{,}2\,\frac{m_4 - m_3}{3a} \cdot \left[\frac{m_4}{d_3 \cdot d_5^3} \cdot \left(2 + \frac{d_5}{d_3}\right) + \frac{m_3}{d_3^3 \cdot d_5}\left(2 + \frac{d_3}{d_5}\right)\right] \\ \mathfrak{M}_{\beta,4} &= 6{,}8\,\frac{m_4 - m_3}{a} \cdot \left(\frac{m_4^2}{d_3 \cdot d_5^3} + \frac{m_3 m_4}{d_3^2 \cdot d_5^2} + \frac{m_3^2}{d_3^3 \cdot d_5}\right) \end{aligned}\right\} \quad (17)$$

Diese Ausdrücke gelten, gleichgültig ob $d_3 > d_5$ ist oder umgekehrt, nur hat man genau auf die Bezeichnung der Abb. 10 zu achten; fällt der konische Teil nicht, wie angenommen, in die 4. Momententeilfläche, sondern z. B. in die 2., so sind alle Zeiger entsprechend zu ändern: an Stelle von 4 tritt 2, während die Zeiger 3 und 5 durch 1 und 3 zu ersetzen sind. Die Ausdrücke für $\mathfrak{M}_{\alpha,4}$ und $\mathfrak{M}_{\beta,4}$ haben aber nur Gültigkeit als Glieder der Momentengleichungen (7b) und (7d), für deren Aufstellung bekanntlich jener Auflagerpunkt als Drehpunkt verwendet wurde, auf den die Spitze der bezüglichen dreieckigen Momentenfläche fällt. Im anderen Falle ergeben sich wesentlich verwickeltere Ausdrücke.

Hat man die Werte für die f, f_α und $\mathfrak{M}_\alpha$ unter Verwendung der Gl. (10), (11) und (12) bzw. (14), (15), (16) gefunden und deren Summen über die ganze Teilwellenlänge gebildet, so kann man die gesuchten Einflußzahlen sofort angeben:

es ist nach Gl. (7b)	$\alpha_{a,1} = \frac{1}{a} \cdot \sum_0^a \mathfrak{M}_\alpha$	
nach Gl. (7c) u. (8)	$\alpha_{a,2} = \beta_{a,1} = \sum_0^a f_\alpha - \alpha_{a,1}$	
nach Gl. (9)	$\sum_0^a f_\beta = \sum_0^a f - \sum_0^a f_\alpha$	(18)
nach Gl. (7e)	$\beta_{a,2} = \sum_0^a f_\beta - \beta_{a,1}$	

Die Berechnung der Werte f_β und $\mathfrak{M}_\beta$ mit Hilfe der Gl. (13) bzw. (17) ist also im allgemeinen überflüssig und braucht höchstens zur Überprüfung der Rechnung mittels der Gl. (7d, e) durchgeführt zu werden.

Dagegen bilde man für die Berechnung der Einflußzahlen $\gamma_{a,1}$ und $\gamma_{a,2}$ der Kraft P_a, die im folgenden Abschnitt besprochen werden wird, noch folgende Teilsummen, die dem linken Wellenteil vom Auflager 1 bis zum Angriffspunkt der Last P_a, daher von 0 bis p_a entsprechen, also z. B. im Falle der Abb. 9:

$$\left.\begin{aligned}\sum_0^{p_a} f &= f_1 + f_2 + f_3\\ \sum_0^{p_a} f_\alpha &= f_{\alpha,1} + f_{\alpha,2} + f_{\alpha,3}\\ \sum_0^{p_a} \mathfrak{M}_\alpha &= \mathfrak{M}_{\alpha,1} + \mathfrak{M}_{\alpha,2} + \mathfrak{M}_{\alpha,3}\\ \sum_0^{p_a} f_\beta &= \sum_0^{p_a} f - \sum_0^{p_a} f_\alpha\end{aligned}\right\} \qquad (19)$$

Hat die Teilwelle a zylindrische Form mit unveränderlichem Durchmesser d auf die ganze Länge a, dann vereinfachen sich die Werte für die Einflußzahlen außerordentlich. Es wird

$$\boxed{\begin{aligned}\alpha_{a,2} &= \beta_{a,1} = 3{,}4 \cdot \frac{a}{d^4}\\ \alpha_{a,1} &= \beta_{a,2} = 2\alpha_{a,2} = 6{,}8 \cdot \frac{a}{d^4}\end{aligned}} \qquad (20)$$

3. Bestimmung der Einflußzahlen γ für die Lasten P.

Wirkt auf die Teilwelle a (Abb. 11a) eine Last $P_a = 1$ kg in der Entfernung p_a vom linken Auflager 1 und q_a vom rechten Auflager 2, so ist die Biegungsmomentenfläche ein Dreieck mit der größten Momentenordinate $\frac{1 \cdot p_a \cdot q_a}{a}$ über der Angriffstelle von P_a (Abb. 11b). Zerlegt man die Momentenfläche wieder entsprechend den wechselnden Durchmessern bzw. Trägheitsmomenten und der Lage von P_a in Teilflächen $F_{\gamma,1} \ldots F_{\gamma,5}$, die dann dieselben Breiten haben wie die Teilflächen der Momentenflächen für die Lagermomente in Abb. 9 und läßt in den Schwerpunkten dieser Teilflächen $s_{\gamma,1} \ldots s_{\gamma,5}$ die Größen

$$f_{\gamma,1} = \frac{F_{\gamma,1}}{J_1} \ldots f_{\gamma,5} = \frac{F_{\gamma,5}}{J_5}$$

als Kräfte wirken, so stellen die sich ergebenden Stützenwiderstände $\gamma_{a,1}$ und $\gamma_{a,2}$ bereits die gesuchten Einflußzahlen dar. Verlängert man die Momentenlinie über dem rechten Wellenteil q_a bis zur Auflagerlotrechten durch 1, so wird auf dieser der Abschnitt p_a abgetrennt. Die Momentordinaten der Momentenfläche für $P_a = 1$ kg sind daher einfach p_a mal so groß als die Ordinaten der Momenten-

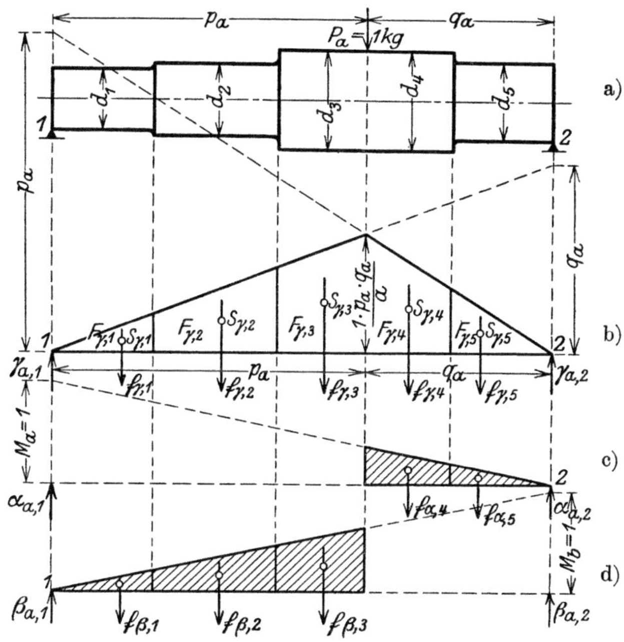

Abb. 11.

fläche über demselben Wellenteil für das Lagermoment $M_a = 1$, wirkend im Lagerquerschnitt 1 (Abb. 11c); ebenso sind die Momentenordinaten für $P_a = 1$ über dem linken Wellenteil p_a das q_a fache der Ordinaten der Momentenfläche für das Lagermoment $M_b = 1$ in 2 (Abb. 11d). Damit ergibt sich aber sofort

$$\gamma_{a,1} + \gamma_{a,2} = \sum_0^a f_\gamma = \sum_0^{p_a} f_\gamma + \sum_{p_a}^a f_\gamma$$

$$\gamma_{a,1} + \gamma_{a,2} = q_a \cdot \sum_0^{p_a} f_\beta + p_a \cdot \sum_{p_a}^a f_\alpha \tag{21}$$

Bezeichnet man nun jenen Teil der Einflußzahlen $\alpha_{a,1}$ und $\alpha_{a,2}$, der dem Wellenteil q_a entspricht, mit $\alpha_{(a,1)q_a}$ und $\alpha_{(a,2)q_a}$ und ebenso die dem Wellenteil p_a entsprechenden Teile der Einflußzahlen $\beta_{a,1}$ und

$\beta_{a,2}$ mit $\beta_{(a,1)p_a}$ und $\beta_{(a,2)p_a}$, so erhält man die gesuchten Einflußzahlen $\gamma_{a,1}$ und $\gamma_{a,2}$ mit:

$$\gamma_{a,1} = q_a \cdot \beta_{(a,1)p_a} + p_a \cdot \alpha_{(a,1)q_a}$$

$$\gamma_{a,2} = q_a \cdot \beta_{(a,2)p_a} + p_a \cdot \alpha_{(a,2)q_a}.$$

Nun kann aber nach Gl. (8) $\beta_{(a,1)p_a} = \alpha_{(a,2)p_a}$ gesetzt werden; damit erhält man

$$\gamma_{a,1} = q_a \cdot \alpha_{(a,2)p_a} + p_a \cdot \alpha_{(a,1)q_a} + p_a \cdot \alpha_{(a,1)p_a} - p_a \cdot \alpha_{(a,1)p_a}$$

$$\gamma_{a,1} = q_a \cdot \alpha_{(a,2)p_a} + p_a \cdot \alpha_{a,1} - p_a \cdot \alpha_{(a,1)p_a}.$$

Nun ist nach Gl. (7c) $\alpha_{(a,2)p_a} = \sum_0^{p_a} f_\alpha - \alpha_{(a,1)p_a}$, daher

$$\gamma_{a,1} = p_a \cdot \alpha_{a,1} + q_a \sum_0^{p_a} f_\alpha - (p_a + q_a) \cdot \alpha_{(a,1)p_a}$$

und schließlich mit $p_a + q_a = a$ und $\alpha_{(a,1)p_a} = \frac{1}{a} \sum_0^{p_a} \mathfrak{M}_\alpha$

nach Gl. (7b)

$$\boxed{\gamma_{a,1} = p_a \cdot \alpha_{a,1} + q_a \cdot \sum_0^{p_a} f_\alpha - \sum_0^{p_a} \mathfrak{M}_\alpha} \tag{22}$$

wofür man auch schreiben kann

$$\gamma_{a,1} = q_a \cdot \alpha_{a,2} - q_a \sum_{p_a}^{a} f_\alpha + \sum_{p_a}^{a} \mathfrak{M}_\alpha \tag{22a}$$

Ähnlich erhält man

$$\boxed{\gamma_{a,2} = p_a \cdot \alpha_{a,2} + q_a \cdot \sum_0^{p_a} f_\beta - a \sum_0^{p_a} f_\alpha + \sum_0^{p_a} \mathfrak{M}_\alpha} \tag{23}$$

oder auch

$$\gamma_{a,2} = q_a \cdot \beta_{a,2} - q_a \sum_{p_a}^{a} f_\beta + a \sum_{p_a}^{a} f_\alpha - \sum_{p_a}^{a} \mathfrak{M}_\alpha \tag{23a}$$

Übrigens folgt $\gamma_{a,2}$, auch aus Gl. (21), wenn $\gamma_{a,1}$ berechnet worden ist.

Sind daher die Einflußzahlen $\alpha_{a,1}$ und $\alpha_{a,2}$ der Lagermomente bekannt und bei deren Berechnung die Summengrößen $\sum_0^{p_a} f_\alpha$, $\sum_0^{p_a} f_\beta$ und $\sum_0^{p_a} \mathfrak{M}_\alpha$ entsprechend den Gl. (19) bestimmt worden, so ist die

Ermittlung der Einflußzahlen $\gamma_{a,1}$ und $\gamma_{a,2}$ für P_a außerordentlich einfach.

Hat die Teilwelle auf die ganze Länge a gleichbleibenden Durchmesser d, so ergeben sich die Einflußzahlen zu

$$\gamma_{a,1} = \frac{20{,}4}{d^4} \cdot \frac{p_a \cdot q_a}{6a}(p_a + 2q_a), \quad \gamma_{a,2} = \frac{20{,}4}{d^4} \cdot \frac{p_a \cdot q_a}{6a}(2p_a + q_a) \tag{24}$$

Greift die Last überdies in der Wellenmitte an, so wird mit $p_a = q_a = \frac{a}{2}$

$$\gamma_{a,1} = \gamma_{a,2} = \frac{20{,}4}{d^4} \cdot \frac{a^2}{16} = \frac{20{,}4\,a^2}{(2d)^4} \tag{25}$$

Wirken mehrere Lasten $P_{a,1}$, $P_{a,2}$ ... auf die Teilwelle a, so hat man zur Bestimmung der Einflußzahlen $\gamma_{(a,1)1}$ und $\gamma_{(a,1)2}$ für $P_{a,1}$, $\gamma_{(a,2)1}$ und $\gamma_{(a,2)2}$ für $P_{a,2}$ nur bei Ermittlung der Einflußzahlen α und β der Lagermomente auf eine entsprechende weitere Unterteilung der Momentenflächen zu achten und gemäß den Gl. (19) für jede Last die Teilsummen vom linken Auflager bis zur Angriffsstelle der Last zu bilden. Durch Einsetzung dieser Summengrößen in die Gl. (22) und (23) erhält man die gesuchten Einflußzahlen für jede Last (siehe die Teilwelle b im Beispiel 2).

Für die Berechnung von Wellen in jenen Abmessungen, wie sie in der Praxis am häufigsten vorkommen, empfiehlt es sich, alle Einflußzahlen mit 1000 zu multiziplizieren. Bei Berechnung der Lagermomente mittels der Bedingungsgleichungen unter Gl. (5) können die so gefundenen Werte der Einflußzahlen ohne weiteres verwendet werden, weil sich ja der Faktor 1000 auf beiden Seiten der Gleichungen weghebt. Dagegen ist bei Verwendung der Einflußzahlen zur Berechnung der Winkelgrößen nach Gl. (4) oder der Durchbiegungen, die im folgenden Abschnitt 4 gezeigt wird, wohl zu beachten, daß die Einflußzahlen dann 1000mal größer sind als ihre wirklichen Werte, daher durch 10^3 geteilt werden müssen.

4. Berechnung der Durchbiegungen.

Die Durchbiegungen einer belasteten Einzelwelle a ermittelt man am einfachsten nach dem bekannten Satz von Mohr unter Verwendung von Einflußzahlen. Um die Durchbiegung für einen beliebigen Querschnitt der Welle links von der Kraft P_a im Abstand x vom linken und x' vom rechten Auflager bei Belastung der Welle durch die Momente $M_a = 1$ cmkg, $M_b = 1$ cmkg und die Last $P_a = 1$ kg zu finden (Abb. 12a), hat man nur die Größen f_α, f_β und f_γ als Belastungen anzusehen und die Biegungsmomente für diese Belastungen bezüglich des Querschnittes x zu berechnen. Die so gefundenen Aus-

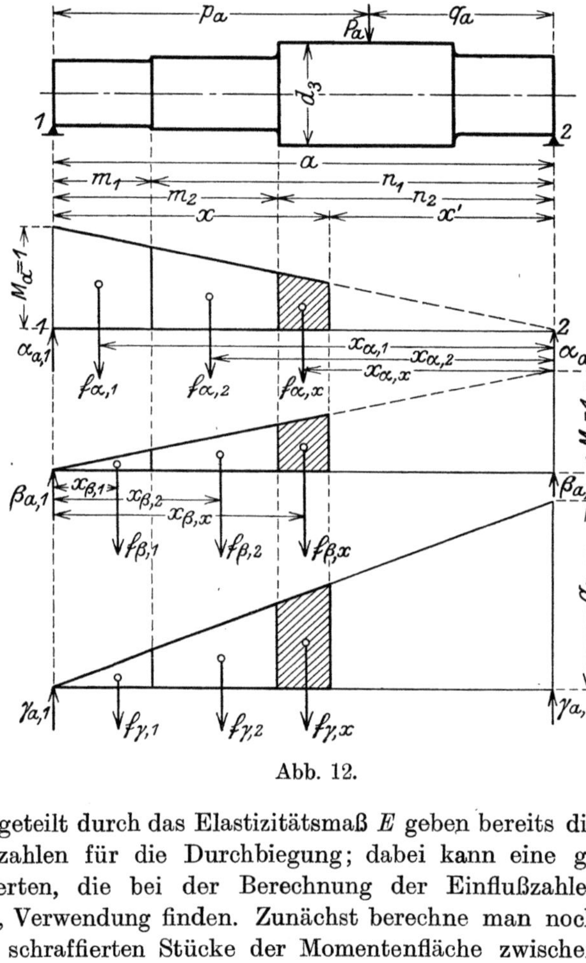

Abb. 12.

drücke geteilt durch das Elastizitätsmaß E geben bereits die gesuchten Einflußzahlen für die Durchbiegung; dabei kann eine ganze Reihe von Werten, die bei der Berechnung der Einflußzahlen ermittelt wurden, Verwendung finden. Zunächst berechne man noch die Werte für die schraffierten Stücke der Momentenfläche zwischen den Abszissen n_2 und x' (Abb. 12b, c, d) nach Gl. (10), (11) und (12):

$$\left.\begin{aligned} f_x &= 20{,}4 \cdot \frac{n_2 - x'}{d_3^{\,4}} \\ f_{\alpha,x} &= 10{,}2 \cdot \frac{1}{a} \cdot \frac{n_2^{\,2} - x'^2}{d_3^{\,4}} \\ \mathfrak{M}_{a,x} &= 6{,}8 \cdot \frac{1}{a} \cdot \frac{n_2^{\,3} - x'^3}{d_3^{\,4}} \end{aligned}\right\} \qquad (26\,a)$$

und bilde unter Benützung der früher gefundenen Werte die Summen nach Gl. (19)

$$\left.\begin{aligned}
\sum_0^x f &= f_1 + f_2 + f_x \\
\sum_0^x f_\alpha &= f_{\alpha,1} + f_{\alpha,2} + f_{\alpha,x} \\
\sum_0^x f_\beta &= \sum_0^x f - \sum_0^x f_\alpha \\
\sum_0^x \mathfrak{M}_\alpha &= \sum_0^x f_\alpha \cdot x_\alpha = \mathfrak{M}_{\alpha,1} + \mathfrak{M}_{\alpha,2} + \mathfrak{M}_{\alpha,x}
\end{aligned}\right\} \qquad (26\,\mathrm{b})$$

Die Durchbiegung unter Wirkung des Momentes $M_a = 1$ über dem linken Auflager ist nun durch das Biegungsmoment der durch die Momentenfläche von M_a erzeugten Belastung bezüglich des Querschnittes x gegeben; dabei sind aber die durch diese Belastung erzeugten Stützenwiderstände in Gestalt der Einflußzahlen $\alpha_{a,1}$ und $\alpha_{a,2}$ schon bekannt (Abb. 12b); daher ist das gesuchte Biegungsmoment

$$\alpha_{a,1} \cdot x - \sum_0^x f_\alpha (x_\alpha - x') = x \cdot \alpha_{a,1} + x' \sum_0^x f_\alpha - \sum_0^x \mathfrak{M}_\alpha \,.$$

Ebenso erhält man für die Durchbiegung unter Wirkung des Momentes $M_b = 1$ über dem rechten Auflager (Abb. 12c)

$$\beta_{a,1} \cdot x - \sum_0^x f_\beta (x - x_\beta) = x \cdot \beta_{a,1} - x \cdot \sum_0^x f_\beta + \sum_0^x \mathfrak{M}_\beta = x \cdot \beta_{a,1} +$$
$$+ x' \cdot \sum_0^x f_\beta - a \cdot \sum_0^x f_\beta + \sum_0^x \mathfrak{M}_\beta \,.$$

Nun ist aber nach Gl. (8) $\beta_{a,1} = \alpha_{a,2}$; weiters gilt unter Beachtung der Gl. (7b, c, d, e) allgemein

$$a \Sigma f_\alpha - \Sigma \mathfrak{M}_\alpha = a \Sigma f_\beta - \Sigma \mathfrak{M}_\beta \,, \qquad (26\,\mathrm{c})$$

so daß man setzen kann:

$$a \sum_0^x f_\beta - \sum_0^x \mathfrak{M}_\beta = a \sum_0^x f_\alpha - \sum_0^x \mathfrak{M}_\alpha \,.$$

Damit erhält man für die Durchbiegung durch das Moment $M_b = 1$

$$x \cdot \alpha_{a,2} + x' \sum_0^x f_\beta - a \sum_0^x f_\alpha + \sum_0^x \mathfrak{M}_\alpha \,.$$

Endlich erhält man für die Durchbiegung, erzeugt von der Last $P_a = 1$ kg (Abb. 12d) mit $f_\gamma = q_a \cdot f_\beta$

$$x \cdot \gamma_{a,1} - \sum_0^x q_a \cdot f_\beta (x - x_\beta) = x \cdot \gamma_{a,1} - q_a \cdot \sum_0^x f_\beta (x - x_\beta) = x \cdot \gamma_{a,1} +$$
$$+ q_a \Big(x' \sum_0^x f_\beta - a \sum_0^x f_\alpha + \sum_0^x \mathfrak{M}_\alpha\Big).$$

Sind dann die Lagermomente M_a und M_b aus der Berechnung der Stützenwiderstände bekannt, so erhält man für die gegebene Last P_a die Durchbiegung Δf_x im Querschnitt x

$$\left.\begin{aligned} E\cdot\Delta f_x = P_a[x\cdot\gamma_{a,1} + q_a(x'\sum_0^x f_\beta - a\sum_0^x f_\alpha + \sum_0^x \mathfrak{M}_\alpha)] - \\ - M_a(x\cdot\alpha_{a,1} + x'\sum_0^x f_\alpha - \sum_0^x \mathfrak{M}_\alpha) - \\ - M_b(x\cdot\alpha_{a,2} + x'\sum_0^x f_\beta - a\sum_0^x f_\alpha + \sum_0^x \mathfrak{M}_\alpha) \end{aligned}\right\} \quad (27)$$

Die Beiträge, die die Lagermomente zum Wert der Durchbiegung liefern, müssen mit —-Vorzeichen eingesetzt werden, weil diese Momente die Welle nach aufwärts biegen und so vermindernd auf die durch Last P_a erzeugte Durchsenkung einwirken.

Besonders einfach gestaltet sich aber die Berechnung der Durchbiegung Δf_a unter der wirkenden Last P_a, um die es sich in der Praxis zumeist handeln wird.

Mit $x = p_a$, $x' = q_a$ wird unter Beachtung der Gl. (22) und (23)

$$p_a\cdot\alpha_{a,1} + q_a\sum_0^{p_a} f_\alpha - \sum_0^{p_a}\mathfrak{M}_\alpha = \gamma_{a,1}$$

und

$$p_a\cdot\alpha_{a,2} + q_a\sum_0^{p_a} f_\beta - a\sum_0^{p_a} f_\alpha + \sum_0^{p_a}\mathfrak{M}_\alpha = \gamma_{a,2}\,.$$

Damit ergibt sich die Durchbiegung unter P_a

$$\boxed{E\cdot\Delta f_a = P_a(p_a\cdot\gamma_{a,1} + q_a\cdot\gamma_{a,2} - p_a\cdot q_a\cdot\alpha_{a,2}) - M_a\cdot\gamma_{a,1} - M_b\cdot\gamma_{a,2}} \quad (28)$$

In dieser Gleichung kommen überhaupt nur die bereits bekannten Einflußzahlen vor.

Liegt der Querschnitt x rechts von der Kraft P_a, so bilde man die Summenwerte $\sum_x^a f_\alpha$, $\sum_x^a f_\beta$ und $\sum_x^a \mathfrak{M}_\alpha$; die Durchbiegung ergibt sich dann zu

$$\left.\begin{aligned} E\cdot\Delta f_x = P_a\cdot[x'\cdot\gamma_{a,2} - p_a(x'\sum_x^a f_\alpha - \sum_x^a\mathfrak{M}_\alpha)] - \\ - M_a\cdot(x'\cdot\alpha_{a,2} - x'\cdot\sum_x^a f_\alpha + \sum_x^a\mathfrak{M}_\alpha) - \\ - M_b\cdot(x'\cdot\beta_{a,2} - x'\cdot\sum_x^a f_\beta + a\sum_x^a f_\alpha - \sum_x^a\mathfrak{M}_\alpha). \end{aligned}\right\} \quad (28\text{a})$$

Selbstverständlich geht dieser Ausdruck für $x = p_a$, $x' = q_a$ wieder in den Wert in Gl. (28) über, wovon man sich unter Beachtung der Gl. (22a) und (23a) leicht überzeugen kann. Wirken auf die Teilwelle zwei Lasten ein, so kann man die Durchbiegung unter jeder dieser Lasten durch sinngemäße Anwendung der Gleichungen (27), (28) und (28a) gleichfalls leicht finden (siehe Beispiel 6, S. 88).

1. Beispiel: Berechnung der Welle eines 150-PS-Elektromotors (Abb. 13).

Dieses Beispiel ist aus „Gompertz: Über abgesetzte und gekröpfte Wellen" entnommen; doch soll der Riemenzug nicht wie dort lotrecht, sondern wagrecht

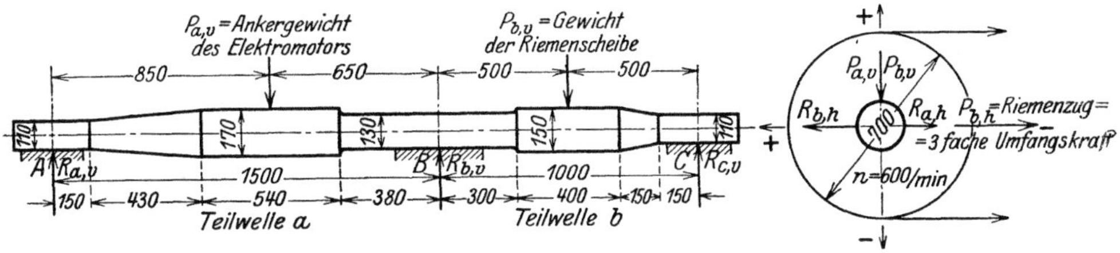

Abb 13.

gerichtet sein, um den praktisch häufig vorkommenden Fall durchzurechnen, bei dem nicht alle angreifenden Kräfte in einer Ebene liegen.

Wie im Abschn. 3 erwähnt, sollen alle Einflußzahlen in diesem wie in den folgenden Beispielen mit 1000 multipliziert werden.

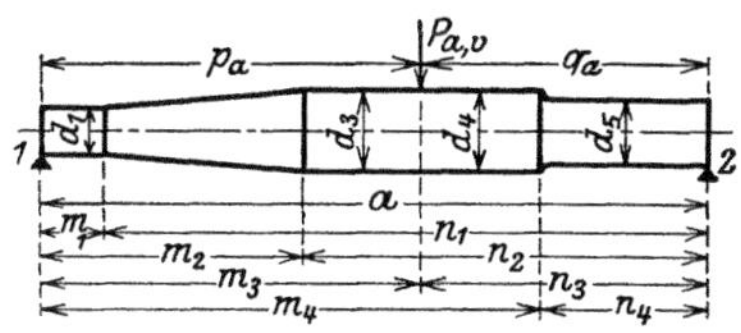

Abb. 14.

a) Berechnung der Einflußzahlen.

Teilwelle a (Abb. 14).

$$a = 150\text{ cm},$$

$$m_1 = 15,\quad n_1 = 135,\quad d_1 = 11\text{ cm},$$

$$m_2 = 58,\quad n_2 = 92,$$

$$p_a = m_3 = 85,\quad q_a = n_3 = 65,\quad d_3 = d_4 = 17\text{ cm},$$

$$m_4 = 112,\quad n_4 = 38,\quad d_5 = 13\text{ cm}.$$

Es ist für die zylindrischen Teile nach Gl. (10) und für den konischen Teil nach Gl. (14)

$$f_1 = 20{,}4 \cdot \frac{a - n_1}{d_1^4} = 20400 \cdot \frac{150 - 135}{11^4} = \quad = 20{,}9$$

$$f_2 = 20{,}4 \cdot \frac{n_1 - n_2}{3}\,\frac{d_1^2 + d_1 d_3 + d_3^2}{d_1^2 \cdot d_3^2} = 20400 \cdot \frac{135 - 92}{3} \cdot \frac{11^2 + 11 \cdot 17 + 17^2}{11^2 \cdot 17^2} = 26{,}7$$

$$f_3 = 20{,}4 \cdot \frac{n_2 - n_3}{d_3^4} = 20400 \cdot \frac{92 - 65}{17^4} = \quad = 6{,}59$$

$$f_4 = 20{,}4 \cdot \frac{n_3 - n_4}{d_4^4} = 20400 \cdot \frac{65 - 38}{17^4} = \quad = 6{,}59$$

$$f_5 = 20{,}4 \cdot \frac{n_4}{d_5^4} = 20400 \cdot \frac{38}{13^4} = \quad = 27{,}15$$

$$\sum_0^a f = 87{,}93$$

$$\sum_0^{p_a} f = f_1 + f_2 + f_3 = 54{,}19$$

Die Werte $\sum\limits_0^{p_a} f$, $\sum\limits_0^{p_a} f_a$; $\sum\limits_0^{p_a} \mathfrak{M}_a$, die man nach den Gl. (19) für die Berechnung der Einflußzahlen für die Last P_a braucht, werden am besten gleich bei der Summierung der errechneten Einzelwerte f, f_a und $\mathfrak{M}_a$ gebildet.

Ferner ist nach Gl. (11) und (15)

$$f_{a,1} = \frac{10{,}2}{a} \cdot \frac{a^2 - n_1^2}{d_1^4} = \frac{10\,200}{150} \cdot \frac{150^2 - 135^2}{11^4} = \qquad = 19{,}86$$

$$f_{a,2} = \frac{10{,}2}{a} \cdot \frac{n_1 - n_2}{3} \cdot \left[\frac{n_1}{d_1^3\, d_3}\left(2 + \frac{d_1}{d_3}\right) + \frac{n_2}{d_1\, d_3^3} \cdot \left(2 + \frac{d_3}{d_1}\right)\right]$$

$$= \frac{10\,200}{150} \cdot \frac{135 - 92}{3}\left[\frac{135}{11^3 \cdot 17}\left(2 + \frac{11}{17}\right) + \frac{92}{11 \cdot 17^3}\left(2 + \frac{17}{11}\right)\right] = 21{,}25$$

$$f_{a,3} = \frac{10{,}2}{a} \cdot \frac{n_2^2 - n_3^2}{d_3^4} = \frac{10\,200}{150} \cdot \frac{92^2 - 65^2}{17^4} = \qquad = 3{,}45$$

$$f_{a,4} = \frac{10{,}2}{a} \cdot \frac{n_3^2 - n_4^2}{d_4^4} = \frac{10\,200}{150} \cdot \frac{65^2 - 38^2}{17^4} = \qquad = 2{,}27$$

$$f_{a,5} = \frac{10{,}2}{a} \cdot \frac{n_4^2}{d_5^4} = \frac{10\,200}{150} \cdot \frac{38^2}{13^4} = \qquad = 3{,}44$$

$$\sum_0^a f_a = 50{,}27$$

$$\sum_0^{p_a} f_a = f_{a,1} + f_{a,2} + f_{a,3} = 44{,}56$$

und endlich nach Gl. (12) und (16)

$$\mathfrak{M}_{a,1} = \frac{6{,}8}{a} \cdot \frac{a^3 - n_1^3}{d_1^4} = \frac{6800}{150} \cdot \frac{150^3 - 135^3}{11^4} = \qquad = 2832$$

$$\mathfrak{M}_{a,2} = \frac{6{,}8}{a} \cdot (n_1 - n_2)\left(\frac{n_1^2}{d_1^3\, d_3} + \frac{n_1\, n_2}{d_1^2\, d_3^2} + \frac{n_2^2}{d_1\, d_3^3}\right)$$

$$= \frac{6800}{150}(135 - 92)\left(\frac{135^2}{11^3 \cdot 17} + \frac{135 \cdot 92}{11^2 \cdot 17^2} + \frac{92^2}{11 \cdot 17^3}\right) = 2568$$

$$\mathfrak{M}_{a,3} = \frac{6{,}8}{a} \cdot \frac{n_2^3 - n_3^3}{d_3^4} = \frac{6800}{150} \cdot \frac{92^3 - 65^3}{17^4} = \qquad = 273{,}6$$

$$\mathfrak{M}_{a,4} = \frac{6{,}8}{a} \cdot \frac{n_3^3 - n_4^3}{d_4^4} = \frac{6800}{150} \cdot \frac{65^3 - 38^3}{17^4} = \qquad = 119{,}3$$

$$\mathfrak{M}_{a,5} = \frac{6{,}8}{a} \cdot \frac{n_4^3}{d_5^4} = \frac{6800}{150} \cdot \frac{38^3}{13^4} = \qquad = 87{,}1$$

$$\sum_0^a \mathfrak{M}_a = 5880{,}0$$

$$\sum_0^{p_a} \mathfrak{M}_a = \mathfrak{M}_{a,1} + \mathfrak{M}_{a,2} + \mathfrak{M}_{a,3} = 5673{,}6$$

Mit den gefundenen Werten erhält man nun aus den Gl. (18) die Einflußzahlen für die Momente:

$$\alpha_{a,1} = \frac{1}{a}\sum_0^a \mathfrak{M}_\alpha = \frac{5880}{150} = \qquad = \mathbf{39{,}2}$$

$$\alpha_{a,2} = \beta_{a,1} = \sum_0^a f_\alpha - \alpha_{a,1} = 50{,}27 - 39{,}2 \quad = \mathbf{11{,}07}$$

$$\sum_0^a f_\beta = \sum_0^a f - \sum_0^a f_\alpha = 87{,}93 - 50{,}27 = 37{,}66$$

$$\beta_{a,2} = \sum_0^a f_\beta - \beta_{a,1} = 37{,}66 - 11{,}07 = \mathbf{26{,}59}$$

und mit dem Wert nach Gl. (19)

$$\sum_0^{p_a} f_\beta = \sum_0^{p_a} f - \sum_0^{p_a} f_\alpha = 54{,}19 - 44{,}56 = 9{,}63$$

aus den Gl. (22) und (23) die Einflußzahlen für die Last P_a:

$$\gamma_{a,1} = p_a \cdot \alpha_{a,1} + q_a \sum_0^{p_a} f_\alpha - \sum_0^{p_a} \mathfrak{M}_\alpha = 85 \cdot 39{,}2 + 65 \cdot 44{,}56 - 5673{,}6 = \mathbf{556{,}4}$$

$$\gamma_{a,2} = p_a \cdot \alpha_{a,2} + q_a \sum_0^{p_a} f_\beta - a \sum_0^{p_a} f_\alpha + \sum_0^{p_a} \mathfrak{M}_\alpha$$

$$= 85 \cdot 11{,}07 + 65 \cdot 9{,}63 - 150 \cdot 44{,}56 + 5673{,}6 = \mathbf{560{,}0}\,,$$

womit alle Einflußzahlen der Teilwelle a gefunden sind.

In gleicher Weise berechnet man nun die Einflußzahlen der Teilwelle b; dann ergibt sich folgende

Zusammenstellung der Einflußzahlen.

Teilwelle a	$\alpha_{a,1} = 39{,}20$, $\alpha_{a,2} = 11{,}07$,	$\beta_{a,1} = 11{,}07$, $\beta_{a,2} = 26{,}59$,	$\gamma_{a,1} = 556{,}4$ $\gamma_{a,2} = 560{,}0$
Teilwelle b	$\alpha_{b,1} = 20{,}59$, $\alpha_{b,2} = 9{,}69$,	$\beta_{b,1} = 9{,}69$, $\beta_{b,2} = 30{,}09$,	$\gamma_{b,1} = 324{,}2$ $\gamma_{b,2} = 358{,}4$

b) Berechnung des Lagermomentes M_b.

Da die Welle nur dreifach gelagert ist, so ist nur das unbekannte Lagermoment M_b zu bestimmen.

Einwirkende Kräfte:

Wagrechte Belastungsebene: $P_{a,h} = 0$, Riemenzug $P_{b,h} = 1530$ kg,

Lotrechte Belastungsebene: Ankergewicht $P_{a,v} = 1500$ kg,

Gewicht der Riemenscheibe: $P_{b,v} = 125$ kg.

Da die Außenmomente $M_a = M_c = 0$ sind, so hat man zur Berechnung von M_b nach der 1. Gl. unter (5)

$$P_a \cdot \gamma_{a,2} + P_b \cdot \gamma_{b,1} = M_b\,(\beta_{a,2} + \alpha_{b,1})$$

$$560\,P_a + 324{,}2\,P_b = M_b\,(26{,}59 + 20{,}59)$$

$$M_b = 11{,}87\,P_a + 6{,}87\,P_b\,,$$

daher für das Moment $M_{b,h}$ in der wagrechten Belastungsebene

$$M_{b,h} = 6{,}87\,P_{b,h} = 6{,}87\cdot 1530 = 10\,510 \text{ cmkg}$$

und für das Moment in der lotrechten Belastungsebene

$$M_{b,v} = 11{,}87\,P_{a,v} + 6{,}87\,P_{b,v} = 11{,}87\cdot 1500 + 6{,}87\cdot 125 = 18\,660 \text{ cmkg.}$$

c) Berechnung der Stützenwiderstände.

Für die Stützenwiderstände erhält man aus Gl. (2) mit $a = 150$, $p_a = 85$, $q_a = 65$, $b = 100$, $p_b = q_b = 50$ cm

$$R_a = \frac{P_a\cdot q_a}{a} - \frac{M_b}{a} = \frac{65}{150}P_a - \frac{M_b}{150} = 0{,}433\,P_a - 0{,}0067\,M_b$$

$$R_b = \frac{P_a\cdot p_a}{a} + \frac{P_b\cdot q_b}{b} + \frac{a+b}{a\,b}\cdot M_b = \frac{85}{150}P_a + \frac{50}{100}P_b + \frac{250}{15\,000}M_b = 0{,}567\,P_a + 0{,}5\,P_b + 0{,}0167\,M_b \qquad \text{(a)}$$

$$R_c = \frac{P_b\cdot p_b}{b} - \frac{M_b}{b} = \frac{50}{100}P_a - \frac{M_b}{100} = 0{,}5\,P_a - 0{,}01\,M_b\,.$$

Setzt man in diese Gleichungen die entsprechenden Werte für die angreifenden Kräfte und Lagermomente ein, so ergeben sich die Stützenwiderstände in der wagrechten Belastungsebene:

$$R_{a,h} = -0{,}0067\,M_{b,h} = -0{,}0067\cdot 10\,510 = \quad = -70 \text{ kg}$$

$$R_{b,h} = 0{,}5\,P_{b,h} + 0{,}0167\,M_{b,h} = 0{,}5\cdot 1530 + 0{,}0167\cdot 10\,510 = 940 \text{ kg}$$

$$R_{c,h} = 0{,}5\,P_{b,h} - 0{,}01\,M_{b,h} = 0{,}5\cdot 1530 - 0{,}01\cdot 10\,510 = 660 \text{ kg}$$

und die Stützungswiderstände in der lotrechten Belastungsebene:

$$R_{a,v} = 0{,}433\,P_{a,v} - 0{,}0067\,M_{b,v} = 0{,}433\cdot 1500 - 0{,}0067\cdot 18\,660 = 525 \text{ kg}$$

$$R_{b,v} = 0{,}567\,P_{a,v} + 0{,}5\,P_{b,v} + 0{,}0167\,M_{b,v} = 0{,}567\cdot 1500 + 0{,}5\cdot 125 + 0{,}0167\cdot 18\,660 = 1224 \text{ kg}$$

$$R_{c,v} = 0{,}5\,P_{b,v} - 0{,}01\,M_{b,v} = 0{,}5\cdot 125 - 0{,}01\cdot 18\,660 = -124 \text{ kg.}$$

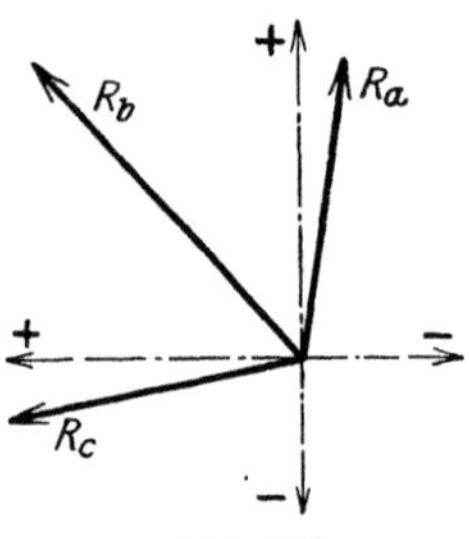

Abb. 15.

Damit erhält man schließlich die resultierenden Stützenwiderstände:

$$R_a = \sqrt{70^2 + 525^2} = \mathbf{530} \text{ kg}$$

$$R_b = \sqrt{940^2 + 1224^2} = \mathbf{1544} \text{ kg}$$

$$R_c = \sqrt{660^2 + 124^2} = \mathbf{672} \text{ kg},$$

die nach Richtung und Lage in Abb. 15 dargestellt sind.

e) Berechnung der Neigungswinkel.

Zur Berechnung der Neigungswinkel der Wellenachse in den Lagern dienen die Gl. (4). Mit $M_a = M_c = 0$ ist

$$\varphi_{a,1} = \frac{1}{E}\cdot(P_a\cdot\gamma_{a,1} - M_b\cdot\beta_{a,1})$$

$$\varphi_{a,2} = \frac{1}{E}\cdot(P_a\cdot\gamma_{a,2} - M_b\cdot\beta_{a,2}) = -\varphi_{b,1}$$

$$\varphi_{b,2} = \frac{1}{E}\cdot(P_b\cdot\gamma_{b,2} - M_b\cdot\alpha_{b,2})\,.$$

Zu beachten ist, daß man jetzt alle Einflußzahlen durch 1000 zu dividieren hat. Mit $E = 2{,}1 \cdot 10^6$ kg/cm² ergeben sich die Neigungswinkel in der wagrechten Belastungsebene:

$$10^6 \cdot \varphi_{(a,1)h} = \frac{1}{2100} \cdot (-M_{b,h} \cdot \beta_{a,1}) = -\frac{1}{2100}(11{,}07 \cdot 10510) = \quad -55$$

$$10^6 \cdot \varphi_{(a,2)h} = -10^6 \cdot \varphi_{(b,1)h} = \frac{1}{2100} \cdot (-M_{b,h} \cdot \beta_{a,2}) = -\frac{1}{2100} \cdot (26{,}59 \cdot 10510) \quad = -133$$

$$10^6 \cdot \varphi_{(b,2)h} = \frac{1}{2100} \cdot (P_{b,h} \cdot \gamma_{b,2} - M_{b,h} \cdot \alpha_{b,2}) = \frac{1}{2100} \cdot (358{,}4 \cdot 1530 - 9{,}69 \cdot 10510) = 212$$

und in der lotrechten Belastungsebene:

$$\begin{aligned} 10^6 \cdot \varphi_{(a,1)v} &= \frac{1}{2100} \cdot (P_{a,v} \cdot \gamma_{a,1} - M_{b,v} \cdot \beta_{a,1}) \\ &= \frac{1}{2100} \cdot (556{,}4 \cdot 1500 - 11{,}07 \cdot 18660) = 299 \end{aligned}$$

$$\begin{aligned} 10^6 \cdot \varphi_{(a,2)v} = -10^6 \cdot \varphi_{(b,1)v} &= \frac{1}{2100} \cdot (P_{a,v} \cdot \gamma_{a,2} - M_{b,v} \cdot \beta_{a,2}) \\ &= \frac{1}{2100} \cdot (560 \cdot 1500 - 26{,}59 \cdot 18660) = 164 \end{aligned}$$

$$\begin{aligned} 10^6 \cdot \varphi_{(b,2)v} &= \frac{1}{2100} \cdot (P_{b,v} \cdot \gamma_{b,2} - M_{b,v} \cdot \alpha_{b,2}) \\ &= \frac{1}{2100} \cdot (358{,}4 \cdot 125 - 9{,}69 \cdot 18660) = -65, \end{aligned}$$

daher die resultierenden Neigungswinkel:

$$10^6 \cdot \varphi_{a,1} = \sqrt{55^2 + 299^2} = 304$$

$$10^6 \cdot \varphi_{a,2} = \sqrt{133^2 + 164^2} = 211$$

$$10^6 \cdot \varphi_{b,2} = \sqrt{212^2 + 65^2} = 222\,.$$

f) Berechnung der Durchbiegungen.

Um endlich die größten, unter dem Ankergewicht und der Riemenscheibe auftretenden Durchbiegungen zu finden, verwende man die Gl. (28); es ist für die Welle a

$$\varDelta f_a = \frac{1}{E} \cdot [P_a \cdot (p_a \cdot \gamma_{a,1} + q_a \cdot \gamma_{a,2} - p_a \cdot q_a \cdot \alpha_{a,2}) - M_b \cdot \gamma_{a,2}]\,,$$

daher für die wagrechte Belastungsebene ($P_{a,h} = 0$, $M_{b,h} = 10510$ cmkg)

$$10^6 \cdot \varDelta f_{a,h} = \frac{1}{2100} \cdot (-M_{b,h} \cdot \gamma_{a,2}) = -\frac{1}{2100} \cdot 560 \cdot 10510 = -2820$$

und für die lotrechte Belastungsebene ($P_{a,v} = 1500$ kg, $M_{b,v} = 18660$ cmkg)

$$\begin{aligned} 10^6 \cdot \varDelta f_{a,v} &= \frac{1}{2100}[P_{a,v}(p_a \cdot \gamma_{a,1} + q_a \cdot \gamma_{a,2} - p_a \cdot q_a \cdot \alpha_{a,2}) - M_{b,v} \cdot \gamma_{a,2}] \\ &= \frac{1}{2100} \cdot [1500\,(85 \cdot 556{,}4 + 65 \cdot 560 - 85 \cdot 65 \cdot 11{,}07) - 560 \cdot 18660] = 11100\,. \end{aligned}$$

Damit ergibt sich die gesamte Durchbiegung Δf_a unter dem Ankergewicht

$$\Delta f_a = \frac{1}{10^6} \cdot \sqrt{2820^2 + 11\,100^2} = 0{,}0115 \text{ cm} = \mathbf{0{,}115 \text{ mm}}.$$

Ebenso erhält man für die Durchbiegung Δf_b der Welle b unter der Riemenscheibe bei Verwendung der Gleichung (28)

$$\Delta f_b = \frac{1}{E} \left[P_b \left(p_b \cdot \gamma_{b,1} + q_b \cdot \gamma_{b,2} - p_b \cdot q_b \cdot \alpha_{b,2} \right) - M_b \cdot \gamma_{b,1} \right]$$

$$10^6 \cdot \Delta f_{b,h} = -2581, \qquad 10^6 \cdot \Delta f_{b\,v} = 5400$$

$$\Delta f_b = 0{,}006 \text{ cm} = \mathbf{0{,}06 \text{ mm}}.$$

Durch Riemenscheiben, Schwungräder, Anker u. dgl., die auf einer Teilwelle aufgekeilt sind, kann die Welle örtlich versteift werden. Die Formänderungen der entsprechenden Wellenteile werden durch die Versteifung vermindert, was eine Änderung der Einflußzahlen zur Folge haben muß. Bei gekröpften Kurbelwellen (Abb. 16) wird eine solche Versteifung der zylindrischen Wellenteile durch den Ansatz der Wellen- und Kurbelzapfan an die Kurbelarme bewirkt. Nach Versuchen von Eugen Meyer (Z. V. d. I. 1909, S. 294f.) kann man diese Versteifung berücksichtigen, indem man die Wellen- und den Kurbelzapfen von der Mitte jedes Kurbelarms an auf ein Drittel der Kurbelarmdicke als vollkommen starr ansieht.

Will man bei der Berechnung der Einflußzahlen α, β und γ auf die Versteifung einzelner Wellenteile Rücksicht nehmen, so hat man nach Abb. 9b und c die Momentenflächen entsprechend den versteiften Stücken der Wellenachse durch weitere Teilflächen zu unterteilen. Bei Berechnung der Werte f, f_a und $\mathfrak{M}_a$ dieser Teilflächen nach den Gl. (10), (11), (12) ist statt des wirklichen Wellendurchmessers ein geschätzter, größerer Wert einzuführen, Wird das versteifte Stück als starr angesehen, was einem unendlich großen Trägheitsmoment entspricht, so bleibt bei Bildung der Summen nach Gl. (18) die bezügliche Teilfläche überhaupt unberücksichtigt.

In den Rechenbeispielen wurde die Wirkung der Versteifung zylindrischer Wellenteile nicht beachtet, weil nach Ansicht des Verfassers zur Zeit mangels hinreichender Versuchsgrundlagen der mit der Erschwerung des Rechnungsganges verbundene Aufwand in keinem Verhältnis zum Ergebnis steht. Übrigens müßte, da die Wellen ja nicht in Punkten aufliegen, streng genommen auch der Wirkung der Lagerschalen Rechnung getragen werden, die gleichfalls eine Verminderung der Formänderung bewirken muß.

B. Mehrfach gelagerte Wellen mit Kröpfungen.

5. Einflußzahlen für die zylindrischen Wellenteile.

Enthält eine Teilwelle a zwischen zwei Lagern eine Kröpfung (Abb. 16), deren Mitte von den Auflagern 1 und 2 die Abstände a_1 und a_2 hat, so sind zunächst für die beiden Wellenteile $(a_1 - l_z)$ bzw. $(a_2 - l_z)$ von den Lagern bis zu den Mitten der Kurbelarme und für den Kurbelzapfen von der Länge $2\,l_z$, also für die ganze Wellenlänge a die Einflußzahlen α, β und γ unter Berücksichtigung der Abmessungen genau so zu ermitteln, als wenn keine Kröpfung vorhanden wäre. Die Berechnung dieser Einflußzahlen erfolgt nach den Formeln unter 2. und 3.; da man in der Wirklichkeit zumeist den Zapfendurchmesser gleich dem Wellendurchmesser macht, so ergeben häufig die zylindrischen Teile eine Welle gleichbleibenden Durchmessers d, für deren Einflußzahlen die einfachen Werte der Gl. (20), (24) oder (25) gelten.

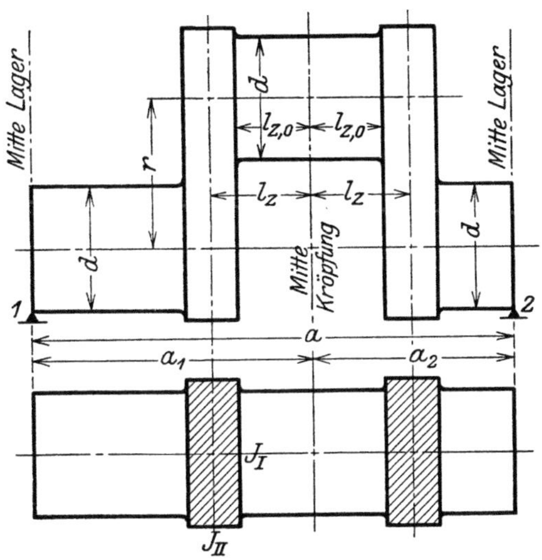

Abb. 16.

Die Formänderungen, die die zylindrischen Wellenteile unter Wirkung der Belastung erfahren, sind in den Einflußzahlen α, β und γ berücksichtigt, so daß diese Wellenteile in der Folge als starr angesehen werden können. Durch die Schubstangenkraft, die Lagermomente und andere Belastungen werden aber auch die Kurbelarme namhafte Formänderungen erfahren, die die Neigung der Lagerquerschnitte der Welle vergrößern. Der Einfluß dieser Formänderung der Kurbelarme muß durch weitere Einflußzahlen berücksichtigt werden, die den Einflußzahlen α, β, γ für die zylindrische Welle ohne Kröpfung hinzuzufügen sind.

Da sich die Formänderung der Kurbelarme ganz verschieden gestaltet, je nachdem die angreifenden äußeren Kräfte und Momente in die Kröpfungsebene fallen oder senkrecht zu dieser wirken, so sollen beide Fälle im folgenden getrennt behandelt werden; dabei werden nach Abb. 16 stets die Abstände von den Lagermitten bis Mitte Kröpfung mit a_1 bzw. a_2, die Länge des Kurbelzapfens mit $2\,l_z$, der Kurbelhalbmesser mit r und die Hauptträgheitsmomente des Rechteckquerschnittes der Kurbelarme mit J_I und J_{II} bezeichnet werden. Unter $J_I = \frac{b\,h^3}{12}$ ist stets das Trägheitsmoment der in die Kröpfungsebene fallenden Querschnittshauptachse zu verstehen, das in der Regel zahlenmäßig größer ist als das Hauptträgheitsmoment $J_{II} = \frac{b^3 h}{12}$, dessen Achse zur Kröpfungsebene senkrecht steht.

6. Einflußzahlen für die Kröpfung bei Wirkung von Momenten und Kräften in der Kröpfungsebene.

a) Einflußzahlen für die Lagermomente.

Wirkt auf die Teilwelle a (Abb. 17a) ein Lagermoment $M_a = 1$ cmkg, dessen Wirkungsebene in die Kröpfungsebene fällt, am linken Lagerquerschnitt 1, so werden die Kurbelarme eine Verbiegnng erleiden (Abb. 17b). Allerdings werden sich die Kurbelarme nicht auf die ganze Länge r des Kurbelhalbmessers verbiegen können, da sie durch den Ansatz an die Welle und den Kurbelzapfen eine Eckenversteifung erfahren. Bezeichnet d den Wellen- und d_z den Zapfendurchmesser, so ist $\left(r - \frac{d}{2} - \frac{d_z}{2}\right)$ die freie Länge des Kurbelarmes.

Für die Länge r_0 jenes Teiles von r, der an der Verbiegung teilnimmt, kann dann gesetzt werden

$$r_0 = r - \varkappa\left(\frac{d}{2} + \frac{d_z}{2}\right), \tag{29}$$

oder bei gleichem Wellen- und Zapfendurchmesser d

$$r_0 = r - \varkappa d. \tag{29a}$$

Für $\varkappa$ kann nach E. Meyer (siehe S. 32) bei normalen Ausführungen der Wert $\varkappa = 0{,}25$ eingesetzt werden. In der Literatur finden sich allerdings auch Angaben (z. B. Enßlin), auf Grund deren $\varkappa$ bis 0,8 ansteigt: mit so hohen Werten von $\varkappa$ erscheint aber der versteifende Einfluß der Zapfenansätze offenbar überschätzt, wenn nicht eine besonders kräftige, gedrungene Bauart der Kurbel verliegt.

Jeder Kurbelarm wird nun auf die Länge r_0 durch je ein gleichbleibendes Biegungsmoment beansprucht, dessen Größe sich sofort aus den Momentenordinaten der dreieckförmigen Biegungsmomenten-

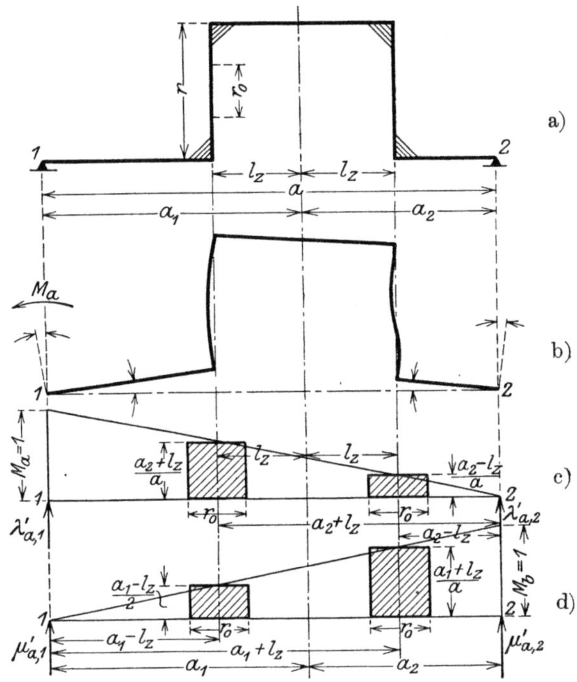

Abb. 17.

fläche für $M_a = 1$ cmkg ergibt, die in die Mitten der Kurbelarme fallen (Abb. 17c). Ihre Größen sind $\frac{a_2 + l_z}{a}$ und $\frac{a_2 - l_z}{a}$, womit sich die gezeichneten, rechteckigen Momentenflächen ergeben. Die Einflußzahlen, die der Änderung der Neigungswinkel der Lagerquerschnitte infolge Verbiegung der Kurbelarme unter Wirkung des Lagermomentes $M_a = 1$ cmkg entsprechen, sind wieder gegeben durch die Größe der Stützenwiderstände, die die schraffierten Momentenflächen erzeugen, wenn man diese nach Teilung durch das maßgebende Trägheitsmoment des Kurbelarmquerschnittes als Belastungen ansieht. Im Sinne der Festsetzungen unter 1. sollen sie für ein am **linken** Lager der Teilwelle a wirkendes Moment M_a mit $\lambda'_{a,1}$ für das linke Auflager 1 und mit $\lambda'_{a,2}$ für das rechte Auflager 2 bezeichnet werden; dagegen erhalten die Einflußzahlen des Lagermomentes M_b am **rechten** Lager der Teilwelle a die Bezeichnung $\mu'_{a,1}$ und $\mu'_{a,2}$ (Abb. 17d).

Da für die vorliegende Verbiegung der Kurbelarme die Querschnittshauptachse des Trägheitsmomentes J_{II} zur Nullinie wird, so ergibt sich mit 2 als Drehpunkt aus Abb. 17c

$$a \cdot \lambda'_{a,1} = \frac{1}{J_{II}} \cdot \left[\left(\frac{a_2 + l_z}{a} \cdot r_0\right)(a_2 + l_z) + \left(\frac{a_2 - l_z}{a} \cdot r_0\right)(a_2 - l_z)\right]$$

$$\boxed{\lambda'_{a,1} = \frac{2\,r_0}{J_{II}} \cdot \frac{a_2{}^2 + l_z^2}{a^2}} \qquad (30\text{a})$$

Ebenso erhält man für $\lambda'_{a,2}$ mit 1 als Drehpunkt

$$\boxed{\lambda'_{a,2} = \frac{2\,r_0}{J_{II}} \cdot \frac{a_1\,a_2 - l_z^2}{a^2}} \qquad (30\text{b})$$

Für die Einflußzahlen des Lagermomentes M_b am rechten Lager erhält man in gleicher Weise aus Abb. 17d

$$\boxed{\begin{aligned} \mu'_{a,1} &= \frac{2\,r_0}{J_{II}} \cdot \frac{a_1\,a_2 - l_z^2}{a^2} = \lambda'_{a,2} \\ \mu'_{a,2} &= \frac{2\,r_0}{J_{II}} \cdot \frac{a_1{}^2 + l_z^2}{a^2} \end{aligned}} \qquad (30\text{c})$$

b) Einflußzahlen für die Lasten P_w.

Wirkt eine Last $P_{a,w} = 1$ kg links von der Kröpfung im Abstand $p_{a,w}$ vom linken Auflager 1, so ergibt sich die in Abb. 18 dar-

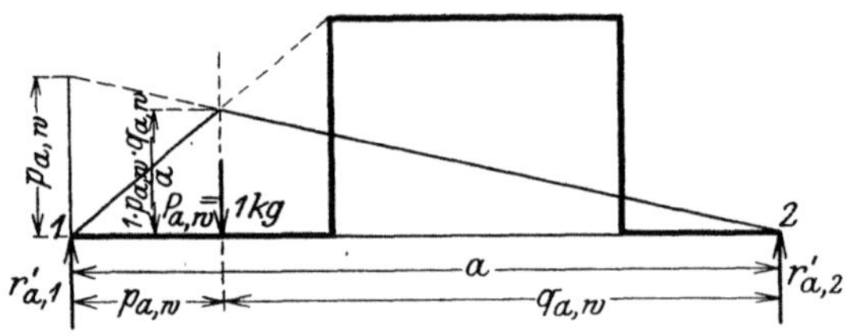

Abb. 18.

gestellte Biegungsmomentenfläche. Die Momentenlinie für den Wellenteil rechts von P_a, der die Kröpfung enthält, schneidet auf der Auflagerlotrechten durch 1 die Größe $p_{a,w}$ ab. Die Biegungsmomente, die die Kurbelarme verbiegen, sind daher $p_{a,w}$-mal so groß als die Biegungsmomente, erzeugt durch das Lagermoment $M_a = 1$ im Lagerquerschnitt 1. Man erhält daher die $P_{a,w}$ entsprechenden Einflußzahlen, die mit $\nu'_{a,1}$ und $\nu'_{a,2}$ bezeichnet werden sollen, indem man einfach die M_a entsprechenden Einflußzahlen $p_{a,w}$ mal vergrößert. Es ist

$$\nu'_{a,1} = p_{a,w} \cdot \lambda'_{a,1}, \qquad \nu'_{a,2} = p_{a,w} \cdot \lambda'_{a,2} \tag{31a}$$

Wirkt die Kraft $P_{a,w}$ hingegen auf dem Wellenteil rechts von der Kröpfung im Abstand $q_{a,w}$ vom rechten Auflager 2, so ist

$$\nu'_{a,1} = q_{a,w} \cdot \mu'_{a,1}, \qquad \nu'_{a,2} = q_{a,w} \cdot \mu'_{a\,2} \tag{31b}$$

c) Einflußzahlen für die Schubstangenkräfte.

Wirkt auf den Kurbelzapfen eine Kraft $P_a = 1$ kg, so ergibt sich die in Abb. 19b gezeichnete Biegungsmomentenfläche mit der größten Momentenordinate $1 \cdot \frac{a_1 \cdot a_2}{a}$ unter P_a. Die Berechnung der P_a entsprechenden Einflußzahlen, die mit $\zeta'_{a,1}$ und $\zeta'_{a,2}$ bezeichnet werden

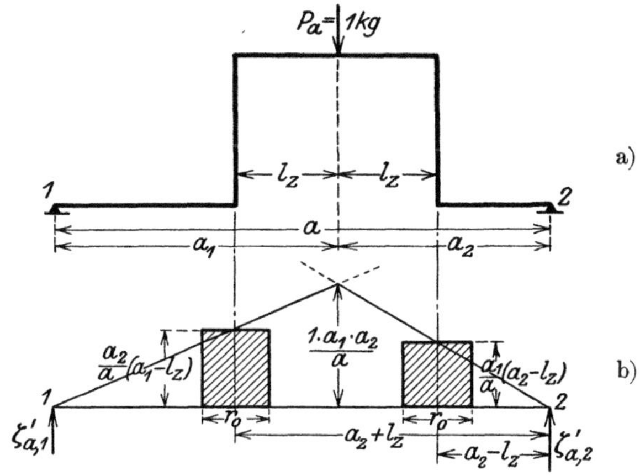

Abb. 19.

sollen, deckt sich mit der Berechnungsart für die Einflußzahlen der Lagermomente. Für die Einflußzahl $\zeta'_{a,1}$ als Stützenwiderstand der durch die schraffierten Momentenflächen dargestellten Belastung ergibt sich mit 2 als Drehpunkt

$$\zeta'_{a,1} = \frac{1}{J_{II}} \cdot \frac{1}{a} \left[\frac{a_2}{a} (a_1 - l_z) \cdot r_0 \cdot (a_2 + l_z) + \frac{a_1}{a} (a_2 - l_z) \cdot r_0 \cdot (a_2 - l_z) \right]$$

$$\boxed{\zeta'_{a,1} = \frac{r_0}{J_{II}} \cdot \frac{a_2}{a^2} \left[2\, a_1\, a_2 - a \cdot l_z - \left(1 - \frac{a_1}{a_2}\right) l_z^2 \right]} \tag{32a}$$

Ebenso erhält man

$$\boxed{\zeta'_{a,2} = \frac{r_0}{J_{II}} \cdot \frac{a_1}{a^2} \left[2\, a_1\, a_2 - a \cdot l_z - \left(1 - \frac{a_2}{a_1}\right) l_z^2 \right]} \tag{32b}$$

Bei vielen Ausführungen liegt die Kröpfung symmetrisch zu den Lagern; dann vereinfachen sich die Ausdrücke für die Einflußzahlen mit $a_1 = a_2 = \frac{a}{2}$ in

$$\begin{aligned} \lambda'_{a,1} = \mu'_{a,2} &= \frac{2\,r_0}{J_{II}}\left[0{,}25 + \left(\frac{l_z}{a}\right)^2\right] \\ \lambda'_{a,2} = \mu'_{a,1} &= \frac{2\,r_0}{J_{II}}\left[0{,}25 - \left(\frac{l_z}{a}\right)^2\right] \\ \zeta'_{a,1} = \zeta'_{a,2} &= \frac{r_0}{4\,J_{II}}\left[a - 2\,l_z\right] \end{aligned} \tag{33}$$

7. Einflußzahlen für die Kröpfung bei Wirkung von Momenten und Kräften senkrecht zur Kröpfungsebene.

a) Einflußzahlen für die Lagermomente.

Die Einflußzahlen sollen mit denselben Buchstaben wie bei Wirkung von Kräften und Momenten in der Kröpfungsebene bezeichnet, jedoch **doppelt** gestrichelt werden ($\lambda''_{a,1}$, $\mu''_{a,2}$, $\zeta''_{a,1} \ldots$).

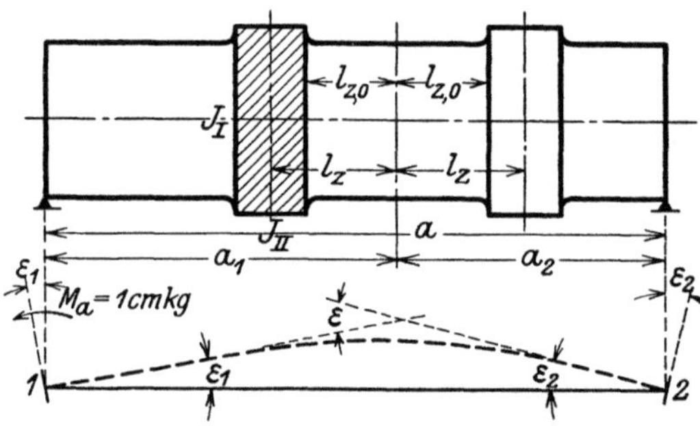

Abb. 20.

Wirkt auf die Teilwelle a das Moment $M_a = 1$ cmkg am linken Auflager 1 senkrecht zur Kröpfungsebene (Abb. 20), so wird die Neigung der Lagerquerschnitte vor allem durch eine Verdrehung der Kurbelarme beeinflußt: die Lagerquerschnitte werden sich um die Winkel ε_1 und ε_2 gegen die Lotrechte neigen. Die auf die Kurbelarme wirkenden Drehmomente sind den Biegungsmomenten gleich, die bei Wirkung des gleichen Lagermomentes in der Kröpfungsebene auftreten. Wird die freie Länge der Kurbelarme, auf die sie sich verdrehen können, wieder mit r_0 angenommen, so lassen sich die Winkel ε_1 und ε_2 sofort angeben, wenn man beachtet, daß der Verdrehungswinkel eines rechteckigen Querschnittes unter Wirkung eines Drehmomentes M_t in der Festigkeitslehre allgemein mit

$$\delta = \frac{0{,}3}{G}\left(\frac{1}{J_I} + \frac{1}{J_{II}}\right) \cdot M_t \cdot r_0$$

berechnet wird. Der Wert des Neigungswinkels über 1 bei Verbiegung der Welle durch $M_a = 1$ in der Kröpfungsebene ergibt sich aus der bezüglichen Einflußzahl $\lambda'_{a,1}$ (Gl. 30a) entsprechend Gl. (4b) mit

$$\frac{\lambda'_{a,1}}{E} = \frac{1}{E \cdot J_{II}} \cdot \frac{2\,r_0}{a^2}\left[a_2^{\,2} + l_z^{\,2}\right].$$

Um daher den Wert des Neigungswinkels bei Verdrehung der Kurbelarme zu finden, hat man nur statt $\frac{1}{E \cdot J_{II}}$ den Wert $\frac{0{,}3}{G}\left(\frac{1}{J_I} + \frac{1}{J_{II}}\right)$ einzuführen und erhält

$$\begin{aligned}\varepsilon_1 &= \frac{0{,}3}{G}\left(\frac{1}{J_1} + \frac{1}{J_{II}}\right) \cdot \frac{2\,r_0}{a^2}\left(a_2^{\,2} + l_z^{\,2}\right) = \frac{0{,}3}{G}\left(\frac{1}{J_I} + \frac{1}{J_{II}}\right) \cdot J_{II} \cdot \lambda'_{a,1} \\ &= 0{,}3\,\frac{E}{G} \cdot \left(1 + \frac{J_{II}}{J_I}\right) \cdot \frac{\lambda'_{a,1}}{E}.\end{aligned}$$

Für das Verhältnis des Elastizitätsmaßes E zum Gleitmaß G kann man üblicherweise den Wert

$$\frac{E}{G} = 2{,}6$$

einführen; damit wird $0{,}3\,\frac{E}{G} = 0{,}78$ und mit dem Festwert

$$C = 0{,}78 \cdot \left(1 + \frac{J_{II}}{J_I}\right) \tag{34}$$

ergibt sich

$$\varepsilon_1 = C \cdot \frac{\lambda'_{a,1}}{E}. \tag{34a}$$

Ebenso erhält man unter Beachtung der Gl. (30b) für $\lambda'_{a,2}$

$$\varepsilon_2 = C \cdot \frac{\lambda'_{a,2}}{E}. \qquad 34\,\mathrm{b})$$

Die Kurbelarme werden aber außer der Verdrehung noch andere Formänderungen erfahren, die neben einer gleichfalls erfolgenden Verdrehung des Kurbelzapfens nicht ohne Einfluß auf die Neigung der Lagerquerschnitte bleiben. Man denke sich einmal das linke Wellenende im Lagerquerschnitt 1 festgehalten, während das rechte Wellenende bei 2 frei sei; auf letzteres wirkt dann (siehe Abb. 4) der vom Lagermoment $M_a = 1$ erzeugte Stützenwiderstand $\frac{1}{a}$ nach abwärts (Abb. 21a).

Unter Wirkung der Last $\frac{1}{a}$ werden sich die Kurbelarme verdrehen und verbiegen. Der Einfluß der Verdrehung wurde bereits oben behandelt. Durch die Verbiegung wird sich der Endpunkt d des Kurbelarmes c, d um eine Strecke y_b senken; diese Senkung wird durch den Wellenstummel d, 2 unverändert auf das freie Wellenende

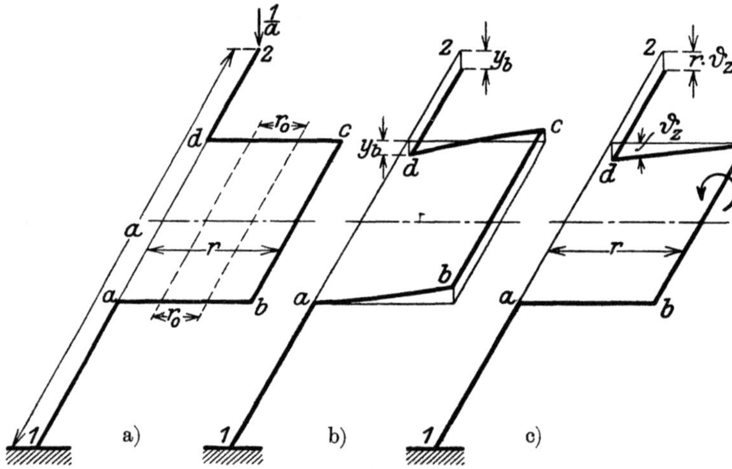

Abb. 21.

bei 2 übertragen (Abb. 21b). Da die Wellenstummel und der Kurbelzapfen als biegungssteif anzusehen sind, so ergibt sich für die bei a am Wellenstummel eingespannten und bei d mit der Last $\frac{1}{a}$ belasteten Kurbelarme die in (Abb. 22a) dargestellte Verformung. Die entsprechende Biegungsmomentenfläche ist in Abb. 22b verzeichnet; da sich die Kurbelarme nur auf die Länge r_0 verbiegen können, so ergibt sich die Senkung des Punktes d gegen den festbleibenden Punkt a durch das Moment der schraffierten trapezförmigen Momentenfläche vom Inhalt $\frac{r_0 \cdot r}{a}$ um den Punkt d nach Teilung durch das für diese Verbiegung maßgebende Trägheitsmoment J_I. Es ist

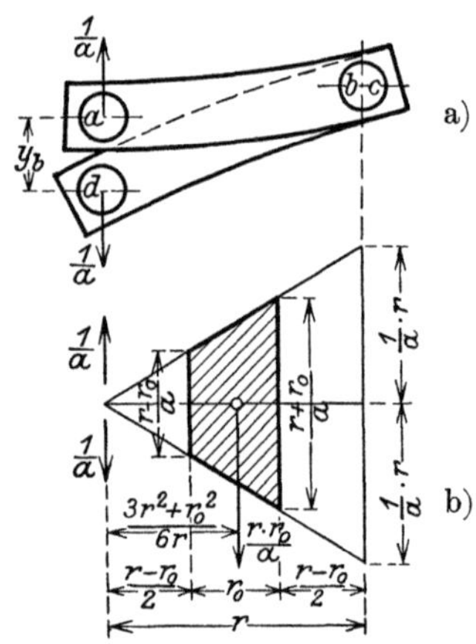

Abb. 22.

$$y_b = \frac{1}{E \cdot J_I} \cdot \frac{r_0 r}{a} \cdot \frac{3 r^2 + r_0^2}{6 r} = \frac{1}{E \cdot J_I} \cdot \frac{r_0}{6 a} (3 r^2 + r_0^2).$$

Weiters wirkt noch auf den Kurbelzapfen ein Drehmoment $\frac{1}{a} \cdot r$

(Abb. 21 c); bezeichnet man die freie Länge des Kurbelzapfens zwischen den Kurbelarmen, auf die er sich verdrehen kann, nach Abb. 16 u. 20 mit $l_{z,0}$ und dessen äquatoriales Trägheitsmoment mit J_z, so ist der sich ergebende Verdrehungswinkel nach einer bekannten Formel der Festigkeitslehre

$$\delta_z = \frac{M_t \cdot 2\, l_{z,0}}{G \cdot J_p}$$

und mit dem polaren Trägheitsmoment $J_p = 2\, J_z$ für den Kreisquerschnitt des Zapfens

$$\delta_z = \frac{1}{G \cdot J_z} \cdot \frac{r \cdot l_{z,0}}{a}.$$

Diese Verdrehung des Kurbelzapfens wird, durch den Kurbelarm

$$\overline{c,\, d} = r$$

auf den Wellenstummel d, 2 übertragen, eine Senkung

$$r \cdot \delta_z = \frac{1}{G \cdot J_z} \cdot \frac{r^2 \cdot l_{z,0}}{a}$$

des freien Wellenendes zur Folge haben (Abb. 21c). Die gesamte Durchsenkung y_2 der bei 1 festgehaltenen, bei 2 mit der Last $\frac{1}{a}$ belasteten Welle ergibt sich daher zu

$$y_2 = y_b + r \cdot \delta_z.$$

Mit den gefundenen Werten erhält man

$$y_2 = \frac{1}{E \cdot J_l} \cdot \frac{r_0}{6\, a}(3\, r^2 + r_0^2) + \frac{1}{G \cdot J_z} \cdot \frac{r^2 \cdot l_{z,0}}{a}$$

und mit dem Wert $\frac{E}{G} = 2{,}6$

$$y_2 = \frac{1}{E} \cdot \frac{1}{a} \cdot \left[\frac{r_0}{6\, J_l}(3\, r^2 + r_0^2) + 2{,}6 \cdot \frac{l_{z,0}}{J_z} \cdot r^2\right]. \tag{35}$$

Bei der eben geschilderten Formänderung wird allerdings der Endpunkt 2 der Welle sich nicht bloß lotrecht um den Betrag y_2 senken, er wird auch aus der lotrechten durch die Wellenachse gelegten Ebene heraustreten. Diese wagrechte Verschiebung ist indes so gering, daß von ihr abgesehen werden kann. Dagegen werden die beobachteten Formänderungen keine Änderung der Neigung des Lagerquerschnittes der Welle bei 2 hervorrufen; vielmehr wird dieser Querschnitt bei der Senkung um y_2 seine lotrechte Lage beibehalten.

Nun denke man sich die Welle bereits durch die Verdrehung der Kurbelarme nach Abb. 20 verformt, wobei die Lagerquerschnitte sich um die Winkel ε_1 und ε_2 neigen (Abb. 23a). Dann erst werde der Lagerquerschnitt bei 1 in seiner Lage festgehalten, der Querschnitt bei 2 hingegen freigemacht und mit der Last $\frac{1}{a}$ belastet. Es treten dann die oben geschilderten Formänderungen der Kurbelarme und des Kurbelzapfens ein, wobei sich der Lagerquerschnitt

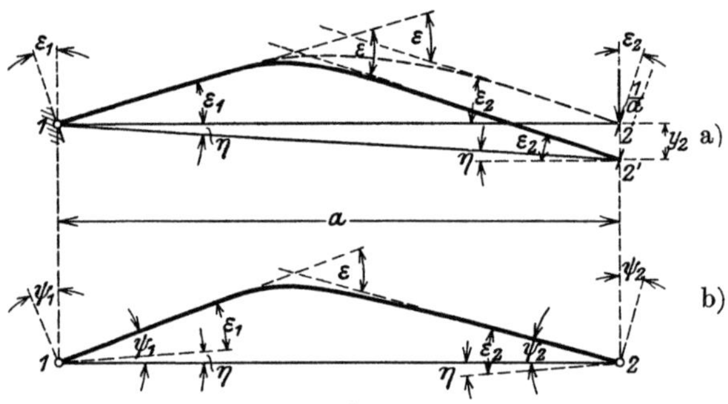

Abb. 23.

des freien Wellenendes nach dem Gesagten stets derart verschiebt, daß die einzelnen Lagen untereinander parallel bleiben. Auch die Endlage 2′ nach erfolgter Senkung um y_2 wird zur Anfangslage, die gegen die Lotrechte um ε_2 geneigt ist, parallel bleiben. Der Neigungswinkel $\varepsilon = \varepsilon_1 + \varepsilon_2$ beider Lagerquerschnitte bleibt daher ungeändert.

In Wirklichkeit wird sich das rechte Wellenende natürlich nicht von 2 nach 2′ senken können, da ja das linke Wellenende bei 1 nicht eingespannt und das rechte Wellenende durch das Lager 2 gestützt ist; vielmehr müssen die Punkte 1 und 2 ihre ursprüngliche Lage auf der wagrechten Wellenachse beibehalten. Um daher die verformte Welle in ihre wahre Lage zu bringen, muß man sie (ähnlich wie beim Verzeichnen des Williotschen Verschiebungsplanes eines Fachwerkes) um den Punkt 1 so lange zurückdrehen, bis das frei gedachte, rechte Wellenende von 2′ wieder nach 2 gelangt ist (Abb. 23b). Der Winkel η, um den diese Rückdrehung zu erfolgen hat, ergibt sich mit Rücksicht auf seine Kleinheit sofort zu

$$\eta = \frac{y_2}{a} = \frac{1}{E} \cdot \frac{1}{a^2}\left[\frac{r_0}{6\,J_l}(3\,r^2 + r_0^{\,2}) + 2{,}6\,\frac{l_{z,0}}{J_z}\cdot r^2\right] = \frac{D}{E}, \qquad (35\,\mathrm{a})$$

wenn

$$\boxed{D = \frac{1}{a^2}\cdot\left[\frac{r_0}{6\,J_l}(3\,r^2 + r_0^{\,2}) + 2{,}6\,\frac{l_{z,0}}{J_z}\cdot r^2\right]} \qquad (36)$$

gesetzt wird. Bei dieser Rückdrehung bleibt der Neigungswinkel ε der Lagerquerschnitte gegeneinander unverändert. Wohl aber werden sich die Neigungswinkel der Lagerquerschnitte gegen die Lotrechten ändern. Diese Winkel ψ_1 und ψ_2 aber sind es, die zur Bestimmung der Einflußzahlen ermittelt werden mußten. Nach Abb. 23b ist

$$\psi_1 = \varepsilon_1 + \eta, \qquad \psi_2 = \varepsilon_2 - \eta.$$

Damit ergibt sich endlich (unter Beachtung der Gl. (4b)) für die gesuchten Einflußzahlen $\lambda''_{a,1} = E \cdot \psi_1$ und $\lambda''_{a,2} = E \cdot \psi_2$, gehörig zum Lagermoment M_a in 1 mit den gefundenen Werten für ε_1, ε_2 und η aus Gl. (34a, b) und (35a)

$$\boxed{\begin{aligned} \lambda''_{a,1} &= C \cdot \lambda'_{a,1} + D \\ \lambda''_{a,2} &= C \cdot \lambda'_{a,2} - D \end{aligned}} \qquad (37\,a)$$

Die Werte für die Einflußzahlen $\mu''_{a,1}$ und $\mu''_{a,2}$ lassen sich sofort anschreiben. Es ist

$$\boxed{\begin{aligned} \mu''_{a,1} = \lambda''_{a,2} &= C \cdot \mu'_{a,1} - D \\ \mu''_{a,2} = \quad &= C \cdot \mu'_{a,2} + D \end{aligned}} \qquad (37\,b)$$

b) Einflußzahlen für die Lasten P_w.

Wirkt eine Last $P_{a,w} = 1$ kg links bzw. rechts von der Kröpfung senkrecht zur Kröpfungsebene auf die Welle, so erhält man wie unter 6. b) gezeigt, die bezüglichen Einflußzahlen $\nu'_{a,1}$ und $\nu'_{a,2}$ sofort aus:

$P_{a,w}$ links von der Kröpfung

$$\left.\begin{aligned} \nu''_{a,1} &= p_{a,w} \cdot \lambda''_{a,1} \\ \nu''_{a,2} &= p_{a,w} \cdot \lambda''_{a,2} \end{aligned}\right\} \qquad (38\,a)$$

$P_{a,w}$ rechts von der Kröpfung

$$\left.\begin{aligned} \nu''_{a,1} &= q_{a,w} \cdot \mu''_{a,1} \\ \nu''_{a,2} &= q_{a,w} \cdot \mu''_{a,2} \end{aligned}\right\} \qquad (38\,b)$$

c) Einflußzahlen für die Schubstangenkräfte P.

Wirkt die Schubstangenkraft $P_a = 1$ kg in der Mitte des Kurbelzapfens senkrecht zur Kröpfungsebene, so wird sich zunächst wieder eine Verdrehung der Kurbelarme ergeben, in deren Folge sich die Lagerquerschnitte um die Winkel $\varepsilon_{1,z}$ und $\varepsilon_{2,z}$ gegen die Lotrechte neigen (Abb. 24a). Die Größe dieser Winkel ergibt sich ebenso wie bei der Belastung der Welle durch ein Lagermoment aus den Einflußzahlen $\zeta'_{a,1}$ und $\zeta'_{a,2}$ für die in der Kröpfungsebene wirkende Schubstangenkraft, wobei C den durch Gl. (34) gegebenen Wert hat:

$$\varepsilon_{1,z} = \frac{C}{E} \cdot \zeta'_{a,1}, \qquad \varepsilon_{2,z} = \frac{C}{E} \cdot \zeta'_{a,2}. \tag{39a}$$

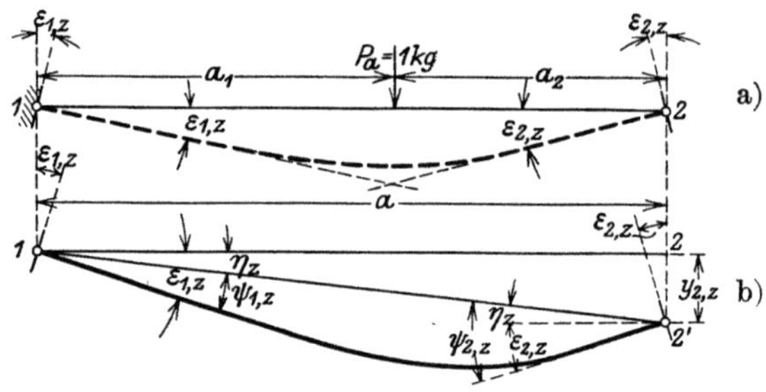

Abb. 24.

Die Schubstangenkraft wird nun in den Lagern 1 und 2 Stützenwiderstände in der Größe $1 \cdot \frac{a_2}{a}$ bzw. $1 \cdot \frac{a_1}{a}$ erzeugen (Abb. 25). Es ist aber klar, daß auch das von der Schubstangenkraft erzeugte Drehmoment $M_t = 1 \cdot r$ durch ein gegensinnig drehendes Moment gleicher Größe aufgehoben werden muß, wenn die Welle in der gezeichneten Lage im Gleichgewicht bleiben soll. Tatsächlich wird nun bei Kraftmaschinen dieses Drehmoment über das linke oder das rechte Auflager hinaus zum Schwungrad oder zum Rotor eines Elektromotors abgeleitet und von diesem in der Regel zur Gänze aufgenommen. Mitunter erfolgt aber die Abnahme des erzeugten Drehmomentes M_t auch so, daß ein Teil $M_{t,1}$ über das linke, ein Teil $M_{t,2}$ über das rechte Auflager abgeleitet wird. Dieser allgemeinere Fall soll zunächst behandelt werden.

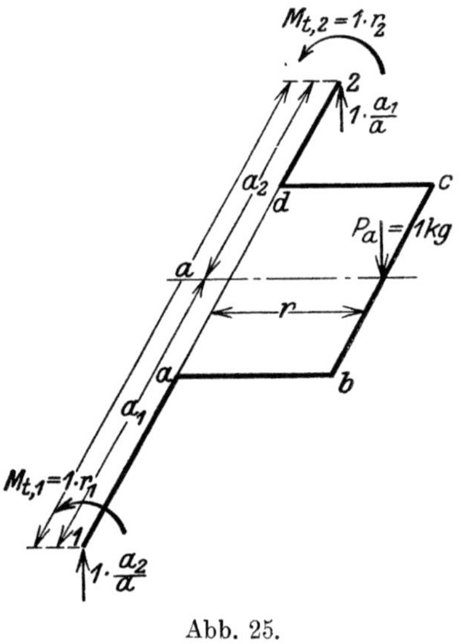

Abb. 25.

Setzt man

$$M_{t,1} = 1 \cdot r_1 \quad \text{und} \quad M_{t,2} = 1 \cdot r_2,$$

so ist

$$M_t = M_{t,1} + M_{t,2} = r_1 + r_2 = r, \tag{39b}$$

Man denke sich nun die Welle wieder bei 1 festgehalten, während das Wellenende bei 2 freigemacht wird. Die Formänderung, die die Welle durch die bei 2 wirkende Stützkraft erfährt, wurde bereits für den Fall der Wirkung eines Lagermomentes $M_a = 1$ untersucht (siehe Abb. 21ab). Allerdings wirkte dort bei 2 eine Stützkraft $\frac{1}{a}$ nach abwärts, die eine Senkung y_2 (Gl. (35)) nach abwärts ergab. Da hier eine Kraft $1 \cdot \frac{a_1}{a}$ nach aufwärts wirkt, so wird sich eine Hebung $- a_1 \cdot y_2$ ergeben.

Die Stangenkraft $P_a = 1$ wird nur eine Verbiegung des Kurbelarmes a, b zur Folge haben (Abb. 26a), die auf 2 übertragen wird. Die Größe der Verschiebung $y_{b,z}$ des Punktes d gegen a ergibt sich aus Abb. 26b zu

$$y_{b,z} = \frac{1}{E J_I} \cdot \frac{r_0 \cdot r}{2} \cdot \frac{3 r^2 - r_0^2}{6 r},$$

$$y_{b,z} = \frac{1}{E} \cdot \frac{r_0}{12 J_I} \cdot (3 r^2 - r_0^2).$$

Da der Wellenendpunkt bei 2 durch die Verbiegung des Kurbelarmes eine Hebung erfährt, so wird $y_{b,z}$ gleichfalls mit negativem Vorzeichen einzuführen sein.

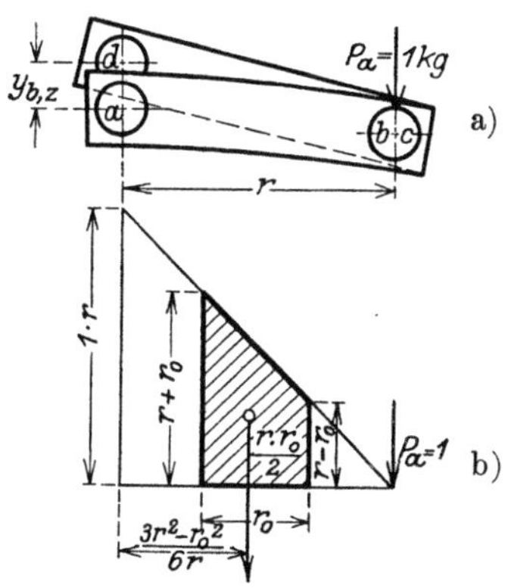

Abb. 26.

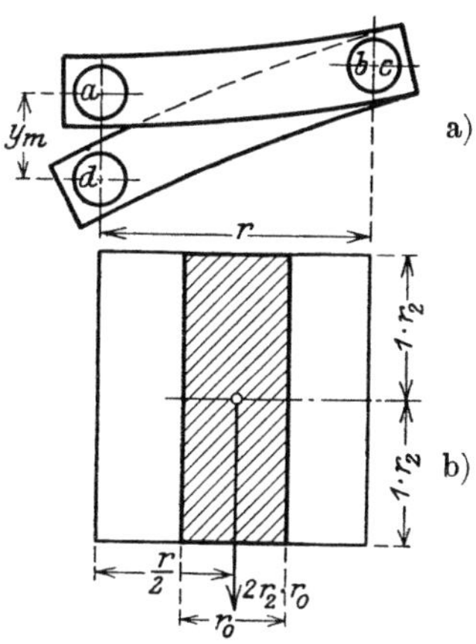

Abb. 27.

Das bei 2 wirkende Drehmoment $M_{t,2} = 1 \cdot r_2$ wird ebenfalls eine Verbiegung der Kurbelarme a, b und c, d zur Folge haben (Abb. 27a); dabei werden allerdings die Verbiegungen beider Kurbelarme gleich groß und entgegengesetzt gerichtet sein, so daß sie sich aufheben. Infolge der Änderung der Neigung des Kurbelarmquerschnittes des

Armes a, b bei b wird sich aber doch eine Senkung y_m von d gegen a ergeben, die auf 2 übertragen wird. Ihre Größe folgt aus Abb. 27b mit

$$y_m = \frac{1}{E J_I} \cdot 2 r_2 r_0 \cdot \frac{r}{2} = \frac{1}{E} \cdot \frac{r_0 \cdot r \cdot r_2}{J_I}. \tag{39c}$$

Endlich wird das Drehmoment $M_{t,2}$ durch Verdrehung des Kurbelzapfens um den Winkel

$$\delta_m = \frac{1 \cdot r_2}{G \cdot J_z} \cdot l_{z,0} \tag{39d}$$

eine Senkung von 2 um den Betrag $r \cdot \delta_m$ erzeugen. Die gesamte Verschiebung $y_{2,z}$ von 2 nach abwärts in die Lage 2′ (Abb. 24b) ist daher

$$y_{2,z} = -a_1 \cdot y_2 - y_{b,z} + y_m + r\,\delta_m .$$

Mit dem Wert für y_2 aus Gl. (35) und den eben gefundenen Werten erhält man

$$y_{2,z} = -\frac{1}{E} \cdot \frac{a_1}{a^2}\left[\frac{r_0}{6 J_I}(3 r^2 + r_0^2) + 2{,}6 \frac{l_{z,0}}{J_z} \cdot r^2\right] - \frac{1}{E} \cdot \frac{r_0}{12 J_I}(3 r^2 - r_0^2)$$
$$+ \frac{1}{E} \cdot \frac{r_0 r r_2}{J_I} + \frac{1}{E} \cdot \frac{E}{G} \cdot \frac{r \cdot r_2 l_{z,0}}{J_z},$$

$$y_{2,z} = \frac{1}{E} \cdot \frac{1}{a}\left[\frac{r_0}{J_I}\left(\frac{a_2 - a_1}{12} r_0^2 - \frac{3 a_1 + a_2}{4} r^2 + r \cdot r_2 a\right)\right.$$
$$\left. + 2{,}6 \frac{r \cdot l_{z,0}}{J_z}(r_2 a - r a_1)\right].$$

Nach Abb. 24b hat man nun wieder die Welle um den Winkel $\eta_z = \frac{y_{2,z}}{a}$ zurückzudrehen und erhält dann die Neigungswinkel

$$\psi_{1,z} = \varepsilon_{1,z} - \eta_z, \qquad \psi_{2,z} = \varepsilon_{2,z} + \eta_z .$$

Setzt man

$$D_z = \frac{1}{a^2}\left[\frac{r_0}{J_I} \cdot \left(\frac{a_2 - a_1}{12} \cdot r_0^2 - \frac{3 a_1 + a_2}{4} r^2 + r r_2 a\right)\right.$$
$$\left. + 2{,}6 \frac{r l_{z,0}}{J_z}(r_2 a - r a_1)\right], \tag{40}$$

so ist

$$\eta_z = \frac{D_z}{E}$$

und man erhält mit den Werten für $\varepsilon_{1,z}$ und $\varepsilon_{2,z}$ nach Gl. (39a) die gesuchten Einflußzahlen $\zeta''_{a,1} = E \cdot \psi_{1,z}$ und $\zeta''_{a,2} = E \cdot \psi_{2,z}$ mit

$$\boxed{\begin{aligned} \zeta''_{a,1} &= C \cdot \zeta'_{a,1} - D_z \\ \zeta''_{a,2} &= C \cdot \zeta'_{a,2} + D_z \end{aligned}}. \tag{41}$$

Man kann sich leicht davon überzeugen, daß man bei Festhalten der Welle bei 2 für die Verschiebung des Punktes 1 denselben Wert wie für $y_{2,z}$ erhält, nur ist das Vorzeichen entgegengesetzt.

Wird das Drehmoment zur Gänze über das Auflager 1 nach **links** abgeleitet, so wird in Gl. (39b) $M_{t,1} = 1 \cdot r_1 = M_t = 1 \cdot r$ und $M_{t,2} = 1 \cdot r_2 = \theta$. Mit $r_2 = \theta$ übergeht Gl. (40) in

$$D_{z,1} = -\frac{1}{a^2} \cdot \left[\frac{r_0}{J_l}\left(\frac{a_1 - a_2}{12} r_0^2 + \frac{3\,a_1 + a_2}{4} \cdot r^2\right) + 2{,}6\,\frac{r^2\,l_{z,0}}{J_z} \cdot a_1\right]. \quad (42\,\mathrm{a})$$

Wird dagegen das Drehmoment zur Gänze nach **rechts** über das Auflager 2 abgeleitet, so wird mit $r_1 = 0$, $r_2 = r$

$$D_{z,2} = \frac{1}{a^2} \cdot \left[\frac{r_0}{J_l} \cdot \left(\frac{a_2 - a_1}{12} \cdot r_0^2 + \frac{a_1 + 3\,a_2}{4} \cdot r^2\right) + 2{,}6\,\frac{r^2\,l_{z,0}}{J_z} \cdot a_2\right]. \quad (42\,\mathrm{b})$$

Für die Bestimmung der Einflußzahlen sind dann in Gl. (41) jeweils für D_z die Werte aus Gl. (42a) bzw. (42b) einzuführen. Liegt die Kröpfung symmetrisch zu den Lagern, so vereinfachen sich die Ausdrücke für D_z bzw. $D_{z,1}$ und $D_{z,2}$ mit $a_1 = a_2 = \frac{a}{2}$ in

$$D_z = \frac{r}{2\,a}\left(\frac{r_0}{J_l} + 2{,}6\,\frac{l_{z,0}}{J_z}\right)(2\,r_2 - r) \quad (43)$$

und

$$D_{z,2} = -D_{z,1} = \frac{r^2}{2\,a}\left(\frac{r_0}{J_l} + 2{,}6\,\frac{l_{z,0}}{J_z}\right). \quad (44)$$

d) Einflußzahlen für ein Drehmoment, das durch die Kröpfung hindurchgeleitet wird.

Die Einflußzahlen, die zur Berechnung der Stützenwiderstände senkrecht zur Kröpfungsebene dienen sollen, bedürfen noch der Ergänzung. Bei Wellen mit mehr als einer Kröpfung muß häufig das von der Stangenkraft an einer Kurbel erzeugte Drehmoment durch die Nachbarkröpfungen zum Schwungrad, Rotor, Propeller usw. abgeleitet werden. Beim Durchgang solcher Drehmomente, deren Wirkungsebene zur Wellenachse senkrecht steht, entstehen durch die Verbiegung der Kurbelarme und die Verdrehung des Kurbelzapfens Formänderungen, die auf die Größe der Stützenwiderstände senkrecht zur Kröpfungsebene nicht ohne Einfluß bleiben. Die solchen Drehmomenten entsprechenden Einflußzahlen, die mit $\omega_{a,1}$ und $\omega_{a,2}$ bezeichnet werden sollen, lassen sich leicht ermitteln.

Wird durch die Kröpfung der Teilwelle a ein Drehmoment $M_{t,a} = 1$ cmkg nach der rechten Nachbarwelle b abgeleitet, so soll dieses Drehmoment positiv bezeichnet werden, wenn es, von der linken Stirnseite der Welle aus gesehen, den Sinn der Drehung des Uhrzeigers hat (Abb. 28a). Der Beobachter blickt daher nach

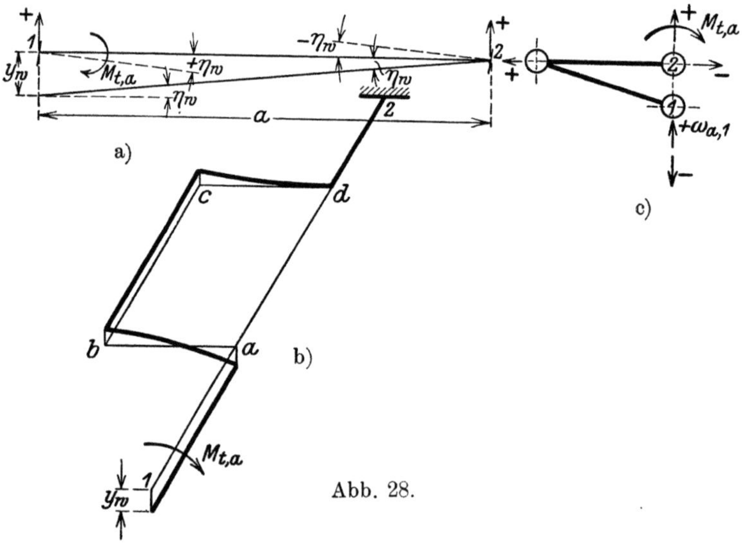

Abb. 28.

jener Richtung, nach welcher das Drehmoment abgeleitet wird. Denkt man sich den Lagerquerschnitt 2 festgehalten, so wird der freie Lagerquerschnitt bei 1 infolge der Verformung der Welle eine Senkung um den Betrag y_w erfahren (Abb. 28b), dessen Größe sich nach dem Gesagten leicht ermitteln läßt. Man hat nur in den Gl. (39c) und (39d) statt des Drehmomentes $M_{t,2} = 1 \cdot r_2$ das Drehmoment $M_{t,a} = 1$ cmkg einzusetzen und erhält die Senkung y_w sofort mit

$$y_w = \frac{r_0 \cdot r}{E \cdot J_I} + r\,\frac{l_{z,0}}{G \cdot J_z} = \frac{r}{E}\left(\frac{r_0}{J_I} + 2{,}6\,\frac{l_{z,0}}{J_z}\right).$$

Dreht man die Welle in ihre wahre Lage um den Winkel

$$\eta_w = \frac{y_w}{a}$$

zurück, so ergeben sich Neigungen der Lagerquerschnitte, denen die Einflußzahlen

$$\omega_{a,1} = E \cdot \eta_w, \qquad \omega_{a,2} = -\,E \cdot \eta_w,$$

$$\boxed{\omega_{a,1} = -\,\omega_{a,2} = \frac{r}{a}\left(\frac{r_0}{J_I} + 2{,}6\,\frac{l_{z,0}}{J_z}\right)} \tag{45}$$

entsprechen.

Einigermaßen verwickelt erscheint nur die richtige Wahl des Vorzeichens der ihrem Zahlenwert nach gleichen Einflußzahlen $\omega_{a,1}$ und $\omega_{a,2}$.

Die Vorzeichen in der Gl. (45) gelten nur dann, wenn für die angenommene Kurbelstellung die positive Achsenrichtung für die zur Kröpfungsebene senkrechten Stützenwiderstände nach aufwärts weist; denn nur dann wird zur Hebung des durch die Verformung gesenkten freien Lagerquerschnittes ein positiv nach aufwärts gerichteter, zur Senkung hingegen ein negativer Stützenwiderstand erforderlich sein (Abb. 28c).

Steht z. B. die Kurbel bei gleichen positiven Richtungen der Achsen für die Stützenwiderstände, die übrigens unter 1. ein für allemal festgelegt wurden, in der lotrechten Belastungsebene (Abb. 29), so erkennt man sofort aus der Verformung der Kröpfung, namentlich infolge der Verdrehung des Kurbelzapfens, daß jetzt durch ein positiv drehendes Moment $M_{t,a}$ das freie Wellenende bei 1 nach links verschoben wird. Zur Rückführung des verschobenen freien Wellenendes nach dem Auflagerpunkt ist also ein negativ gerichteter Stützenwiderstand erforderlich und die Einflußzahl $\omega_{a,1}$ wird daher in Gl. (45) das negative, $\omega_{a,2}$ das positive Vorzeichen zu erhalten haben.

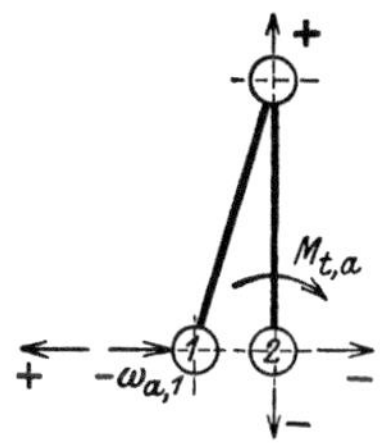

Abb. 29.

Das Drehmoment $M_{t,a}$ ist selbstverständlich mit negativem Wert $(-M_{t,a})$ einzuführen, wenn es den entgegengesetzten Drehsinn hat, also von der linken Stirnseite der Welle aus gesehen, dem Uhrzeigersinn entgegen dreht.

Wird ein Drehmoment $M_{t,a}$ von der Nachbarwelle b durch die Teilwelle a von rechts nach links abgeleitet, so überzeugt man sich leicht, daß die Einflußzahlen ihre Vorzeichen behalten, sofern nur der Beobachter wieder in Richtung der Ableitung des Drehmomentes, also jetzt von der rechten Stirnseite der Welle aus nach links blickt. Das Drehmoment $M_{t,a}$ hat man wieder mit positivem Vorzeichen einzuführen, wenn es in dieser Richtung gesehen im Sinne des Uhrzeigers dreht.

8. Berechnung der Stützenwiderstände mehrfach gelagerter und gekröpfter Wellen.

a) Kurbeln unter 0°, 90° oder 180°.

Hat man für sämtliche Teilwellen einer mehrfach gelagerten Welle alle Einflußzahlen α, β und γ für die zylindrischen Wellenteile und für jene Teilwellen, die Kröpfungen enthalten, die Einflußzahlen λ', μ', ν' und ζ', bzw. λ'', μ'', ν'' und ζ'' ermittelt, so gestaltet sich die Berechnung der Stützenwiderstände verhältnismäßig einfach. Die Hauptgleichungen unter Gl. (2) für deren Berechnung bleiben ebenso in Geltung wie die Gl. (4) für die Neigungswinkel und die Bedingungsgleichungen (3) und (5) für die Berechnung der Lagermomente. Nur sind in allen Gleichungen, in denen Einflußzahlen vorkommen, die zu gekröpften Teilwellen gehörigen Einflußzahlen entsprechend zu ergänzen, indem man den Einflußzahlen für die zylindrischen Wellenteile jene der Kröpfung entsprechenden Einflußzahlen hinzufügt, die zu ersteren gehören und denselben Zeiger tragen. So gehören z. B. zur Einflußzahl $\alpha_{a,2}$ die Werte $\lambda'_{a,2}$ oder $\lambda''_{a,2}$, zur Einflußzahl $\beta_{a,2}$ die Werte $\mu'_{a,2}$ oder $\mu''_{a,2}$, zur Einflußzahl $\gamma_{a,2}$, wenn diese zu einer Stangenkraft gehört, die Werte $\zeta'_{a,2}$ oder $\zeta''_{a,2}$. Die einfach gestrichelten Werte sind zu wählen, wenn es sich für die betreffende Teilwelle um Kräfte oder Momente handelt, die in der Kröpfungsebene wirken, die doppelt gestrichelten gelten bei Wirkung von Kräften und Momenten in einer Ebene **senkrecht** zur Kröpfungsebene der Welle.

Bei gekröpften Wellen wird man die Rechnung im allgemeinen stets für zwei zueinander senkrechte Belastungs-(Momenten-) ebenen durchzuführen haben. Diese Belastungsebenen läßt man am besten mit den Kröpfungsebenen zusammenfallen, was allerdings nicht mehr möglich ist, wenn die Kröpfungsebenen andere Winkel als 0^0, 90^0 oder 180^0 miteinander einschließen. Soll nun die Wirkung der belastenden Kräfte für verschiedene Kurbelstellungen untersucht werden, so müßte man die Belastungsebenen mit den Kurbeln um die Wellenachse drehen. Weit vorteilhafter ist es, wenn man die Kurbeln mit den Belastungsebenen in einer bestimmten Stellung festhält und die Maschine, oder besser gesagt, die an der Welle und den Kurbelzapfen angreifenden Kräfte entgegen dem wirklichen Umlaufsinn der Maschine um die festliegende Welle dreht, wie das ja auch anderweitig üblich ist.

Im folgenden soll stets eine Belastungsebene wagrecht, die andere lotrecht liegen. Alle Kräfte und Momente, deren Wirkungsgeraden oder Wirkungsebenen zur wagrechten Belastungsebene parallel sind, erhalten wieder den Zeiger h, jene, die zur lotrechten Belastungsebene parallel sind, den Zeiger v.

Jede angreifende Kraft, z. B. P_a, ist in zwei Seitenkräfte $P_{a,h}$ und $P_{a,v}$ zu zerlegen, die zu den Belastungsebenen parallel sind; über ihren Richtungssinn gilt das auf S. 12, über den Sinn von Drehmomenten, die durch Kröpfungen hindurchgeleitet werden, das auf S. 49 Gesagte. Die Rechnung ist für beide Belastungsebenen durchzuführen. Für die richtige Wahl der Einflußzahlen ist streng zu beachten, ob die Kröpfung einer Teilwelle in die Belastungsebene fällt, für die man die Rechnung durchführt, oder ob sie zu dieser Belastungsebene senkrecht steht. Im ersten Fall sind die einfach, im andern Fall die doppelt gestrichelten Werte der Einflußzahlen λ, μ, ν und ζ einzusetzen. Der Fall, daß die Kröpfungen nicht in die Belastungsebenen fallen, wird später erörtert werden.

Bei dreifach gelagerten Wellen sind nur die Seitenmomente eines unbekannten Lagermomentes M_b im Mittellager zu berechnen. Hat die Welle zwei Kröpfungen an beiden Teilwellen und wirken an diesen die Stangenkräfte P_a und P_b, ferner die Außenmomente M_a und M_c, so ergibt sich nach der ersten Gleichung unter 5. als Bestimmungsgleichung für das unbekannte Lagermoment

$$P_a \cdot (\gamma_{a,2} + \zeta_{a,2}) + P_b(\gamma_{b,1} + \zeta_{b,1}) - M_a(\alpha_{a,2} + \lambda_{a,2}) - M_c(\beta_{b,1} + \mu_{b,1}) = M_b(\beta_{a,2} + \mu_{a,2} + \alpha_{b,1} + \lambda_{b,1}). \quad (46)$$

Aus dieser Gleichung hat man nun unter Verwendung der richtigen Einflußzahlen λ, μ und ζ für die Kröpfungen durch Einführung der Werte $P_{a,h}$, $P_{b,h}$, $M_{a,h}$ und $M_{c,h}$ zunächst das Seitenmoment $M_{b,h}$ des Lagermomentes in der wagrechten, dann durch Einsetzung von $P_{a,v}$, $P_{b,v}$, $M_{a,v}$ und $M_{c,v}$ das Seitenmoment $M_{b,v}$ in der lotrechten Belastungsebene zu berechnen.

Für die Berechnung der Stützenwiderstände gelten nach der Gleichungsgruppe (2) die Gleichungen:

$$\left.\begin{aligned} R_a &= P_a \frac{q_a}{a} + \frac{M_a}{a} - \frac{M_b}{a} \\ R_b &= P_a \frac{p_a}{a} + P_b \frac{q_b}{b} - \frac{M_a}{a} + M_b \frac{a+b}{ab} - \frac{M_c}{b} \\ R_c &= P_b \frac{p_b}{b} - \frac{M_b}{b} + \frac{M_c}{b} \end{aligned}\right\} \quad (47)$$

In diese Gleichungen hat man für die Kräfte und Momente zunächst die mit dem Zeiger h versehenen Werte einzusetzen und erhält damit die in der wagrechten Belastungsebene wirkenden Stützenwiderstände $R_{a,h}$, $R_{b,h}$ und $R_{c,h}$; ebenso erhält man durch Einsetzung der Werte mit dem Zeiger v die Stützenwiderstände $R_{a,v}$, $R_{b,v}$ und $R_{c,v}$ in der lotrechten Belastungsebene. Die gesamten Stützenwiderstände ergeben sich dann aus

$$R_a = \sqrt{R_{a,h}^2 + R_{a,v}^2}, \quad R_b = \sqrt{R_{b,h}^2 + R_{b,v}^2}, \quad R_c = \sqrt{R_{c,h}^2 + R_{c,v}^2}. \quad (48)$$

Bei vierfach gelagerten Wellen sind die Seitenmomente zweier unbekannter Lagermomente M_b und M_c der beiden Mittellager zu berechnen. Sind z. B. bei einer vierfach gelagerten Welle die beiden ersten Teilwellen a und b gekröpft, die Teilwelle c nicht gekröpft und wirken an den gekröpften Teilwellen nur die Stangenkräfte P_a und P_b, an der Teilwelle c die Last P_c, während die Außenmomente $M_a = M_d = 0$ sind, so lauten die Gl. (5) für die Lagermomente allgemein:

$$\left.\begin{aligned} P_a(\gamma_{a,2} + \zeta_{a,2}) + P_b(\gamma_{b,1} + \zeta_{b,1}) &= M_b(\beta_{a,2} + \mu_{a,2} + \alpha_{b,1} + \lambda_{b,1}) \\ &\quad + M_c(\beta_{b,1} + \mu_{b,1}), \\ P_b(\gamma_{b,2} + \zeta_{b,2}) + P_c\cdot\gamma_{c,1} &= M_b(\alpha_{b,2} + \lambda_{b,2}) \\ &\quad + M_c(\beta_{b,2} + \mu_{b,2} + \alpha_{c,1}). \end{aligned}\right\} \quad (49)$$

Durch Einsetzung der entsprechenden Werte und Auflösung der Gleichungen hat man zunächst die Lagermomente $M_{b,h}$ und $M_{c,h}$ in der wagrechten, dann $M_{b,v}$ und $M_{c,v}$ in der lotrechten Belastungsebene zu berechnen. Führt man die zusammengehörigen Werte in die aus Gl. (2) folgenden Gleichungen

$$\left.\begin{aligned} R_a &= P_a\cdot\frac{q_a}{a} - \frac{M_b}{a}, \\ R_b &= P_a\frac{p_a}{a} + P_b\frac{q_b}{b} + M_b\frac{a+b}{b} - \frac{M_c}{b}, \\ R_c &= P_b\cdot\frac{p_b}{b} + P_c\cdot\frac{q_c}{c} - \frac{M_b}{b} + M_c\frac{b+c}{b\cdot c}, \\ R_d &= P_c\cdot\frac{p_c}{c} - \frac{M_c}{c}. \end{aligned}\right\} \quad (50)$$

ein, so ergeben sich die gesuchten Stützenwiderstände in der wagrechten bzw. lotrechten Belastungsebene.

Wird bei einer Welle mit mehr als einer Kröpfung das an einer Kurbel erzeugte Drehmoment ganz oder zum Teil durch die Nachbarkurbel hindurchgeleitet, so ändern sich in der senkrecht zu dieser Kurbel stehenden Belastungsebene die Stützenwiderstände. Den rechten Seiten der Gleichungen zur Berechnung der Lagermomente in dieser Belastungsebene sind dann noch Glieder $\omega_1\cdot M_t$ und $\omega_2\cdot M_t$ hinzuzufügen. Das Vorzeichen der zahlenmäßig gleichen Werte ω_1 und ω_2 hängt nach 7. d von der Stellung der Kurbel, durch die das Drehmoment hindurchgeht, gegen jene Belastungsebene ab, in der hierdurch Änderungen der Stützenwiderstände bewirkt werden. Wird z. B. bei einer vierfach gelagerten, zweifach gekröpften Welle mit den Kurbeln a und b in einer Ebene diese Kröpfungsebene in der lotrechten Belastungsebene in der Stellung der Abb. 29 festgehalten und das an der Teilwelle a erzeugte Drehmoment $M_{t,b}$ durch die Kurbel b hindurch nach rechts zur Teilwelle c abgeleitet, so lauten die Gleichungen (49) für die Lagermomente in der wagrechten Belastungsebene:

$$\left.\begin{aligned} &P_{a,h}(\gamma_{a,2}+\zeta''_{a,2})+P_{b,h}(\gamma_{b,1}+\zeta''_{b,1})-\omega_{b,1}\cdot M_{t,b}\\ &\quad=M_{b,h}(\beta_{a,2}+\mu''_{a,2}+\alpha_{b,1}+\lambda''_{b,1})+M_{c,h}(\beta_{b,1}+\mu''_{b,1}),\\ &P_{b,h}(\gamma_{b,2}+\zeta''_{b,2})+P_{c,h}\cdot\gamma_{c,1}\qquad\qquad+\omega_{b,1}\cdot M_{t,b}\\ &\quad=M_{b,h}(\alpha_{b,2}+\lambda''_{b,2})+M_{c,h}(\beta_{b,2}+\mu''_{b,2}+\alpha_{c,1}). \end{aligned}\right\}\quad(51)$$

Die Gleichungen zur Berechnung von $M_{b,v}$ und $M_{c,v}$ und die Gl. (50) für die Berechnung der Stützenwiderstände bleiben unverändert.

Wirkt z. B. neben der Stangenkraft P_b mit den Einflußzahlen $\gamma_{b,1}$, $\gamma_{b,2}$, $\zeta'_{b,1}$, $\zeta''_{b,1}$ und $\zeta'_{b,2}$, $\zeta''_{b,2}$ an der gekröpften Teilwelle b neben der Kröpfung auf die Welle noch eine Kraft $P_{b,w}$ mit den Einflußzahlen $\gamma_{(b,w)1}$, $\gamma_{(b,w)2}$, $\nu'_{(b,w)1}$, $\nu''_{(b,w)1}$ und $\nu'_{(b,w)2}$, $\nu''_{(b,w)2}$, so lauten die rechten Seiten der Gl. (49)

$$\left.\begin{aligned} &P_a(\gamma_{a,2}+\zeta_{a,2})+P_b(\gamma_{b,2}+\zeta_{b,2})+P_{b,w}(\gamma_{(b,w)1}+\nu_{(b,w)1})=\\ &P_b(\gamma_{b,2}+\zeta_{b,2})+P_{b,w}(\gamma_{(b,w)2}+\nu_{(b,w)2})+P_c\cdot\gamma_{c,1}= \end{aligned}\right\}\quad(52)$$

Selbstverständlich sind dann auch in die zweite und dritte der Gl. (50) für die Stützenwiderstände noch die Glieder $P_{b,w}\frac{q_{b,w}}{b}$ bzw. $P_{b,w}\frac{p_{b,w}}{b}$ hinzuzufügen, wenn mit $p_{b,w}$ und $q_{b,w}$ die Abstände der Last $P_{b,w}$ vom linken bzw. rechten Auflager bezeichnet werden.

In ähnlicher Weise lassen sich die Gleichungen für die Bestimmung der Lagermomente und Stützenwiderstände aus den Gl. (5) und (2) auch für mehr als zweifach gekröpfte und vierfach gelagerte Wellen für die verschiedensten Bauarten sinngemäß ableiten, sofern nur die Kröpfungen in einer Ebene liegen oder unter 90° versetzt sind. Auch die Berechnung der Neigungswinkel der Wellenachse in den Lagern nach Gl. (4) bereitet keine Schwierigkeiten. Die Durchführung der Berechnung wird wohl am besten aus den folgenden Beispielen zu erkennen sein.

2. Beispiel: Berechnung der dreifach gelagerten, einfach gekröpften Kurbelwelle eines stehenden Dieselmotors von 30 PS. (Abb. 30.)

Dieses Beispiel ist aus „Enßlin, Mehrmals gelagerte Kurbelwellen mit einfacher und doppelter Kröpfung“, S. 45–82, entnommen.

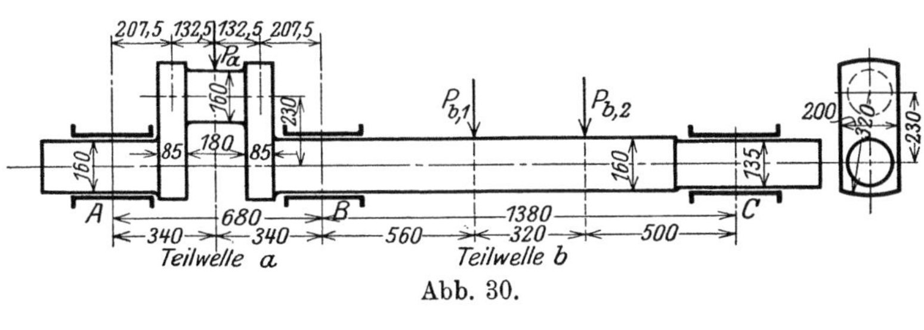

Abb. 30.

a) Berechnung der Einflußzahlen.

Teilwelle a (Abb. 31)

$$a = 68\,, \quad l_z = 13{,}25\,, \quad l_{z\,0} = 9\,, \quad r = 23 \text{ cm},$$

$$d = 16 \text{ cm}\,, \quad J_z = \frac{\pi d^4}{64} = 3217 \text{ cm}^4,$$

$$J_I = \frac{8{,}5 \cdot 20^3}{12} = 5670\,, \quad J_{II} = \frac{02 \cdot 8{,}5^3}{12} = 1024 \text{ cm}^4.$$

Die Wirkung der versteiften Ecken der Kröpfung erachtet Enßlin als sehr beträchtlich; um zu ähnlichen Ergebnissen wie bei seiner Rechnung zu gelangen, muß man für die Ermittlung des durch den Zapfen- und Wellenansatz versteiften Teiles der Kurbelarme, der an der Verformung nicht teilnimmt, in die Gl. (29a) der Wert $\varkappa = 0{,}8$ einführen, was aber nach Ansicht des Verfassers einen zu kleinen Wert für r_0 liefert.

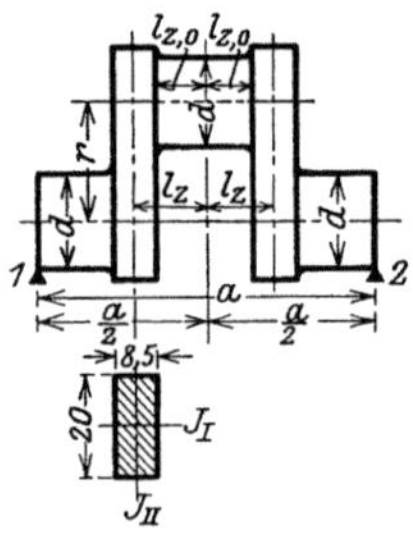

Abb. 31.

$$r_0 = r - \varkappa \cdot d = 23 - 0{,}8 \cdot 16 = 10 \text{ cm}.$$

1. Zylindrische Wellenteile: Da Kurbel- und Wellenzapfen gleichen Durchmesser haben und die Stangenkraft P_a in der Wellenmitte wirkt, so können die vereinfachten Gl. (20) und (25) Verwendung finden. Alle Einflußzahlen sollen wieder mit 1000 multipliziert werden. Es ist nach Gl. (20)

$$\alpha_{a,2} = \beta_{a,1} = 3{,}4 \cdot \frac{a}{d^4} = 3400 \cdot \frac{68}{16^4} = 3{,}53$$

$$\alpha_{a\cdot 1} = \beta_{a,2} = 2\,\alpha_{a,2} = \qquad = 7{,}06$$

und nach Gl. (25)

$$\gamma_{a\,1} = \gamma_{a\,2} = 20{,}4 \cdot \frac{a^2}{(2\,d)^4} = 20400 \cdot \frac{68^2}{32^4} = 90\,.$$

2. Einflußzahlen in der Kröpfungsebene: Da die Kröpfung zu den Lagern symmetrisch liegt, so ist nach den vereinfachten Gl. (33)

$$\lambda'_{a,1} = \mu'_{a,2} = \frac{2 r_0}{J_{II}} \cdot \left[0{,}25 + \left(\frac{l_z}{a}\right)^2\right] = \frac{2000 \cdot 10}{1024} \cdot \left[0{,}25 + \left(\frac{13{,}25}{68}\right)^2\right] = 5{,}62$$

$$\lambda'_{a,2} = \mu'_{a,1} = \frac{2 r_0}{J_{II}} \cdot \left[0{,}25 - \left(\frac{l_z}{a}\right)^2\right] = \qquad = 4{,}14$$

$$\zeta'_{a,1} = \zeta'_{a,2} = \frac{r_0}{4\,J_{II}} \cdot \left[a - 2\,l_z\right] = \frac{1000 \cdot 10}{4 \cdot 1024}\left[68 - 2 \cdot 13{,}25\right] \qquad = 101{,}3$$

3. Einflußzahlen senkrecht zur Kröpfungsebene: Mit dem Festwert C nach Gl. (34)

$$C = 0{,}78\left(1 + \frac{J_{II}}{J_I}\right) = 0{,}78\left(1 + \frac{1024}{5670}\right) = 0{,}921\,,$$

dem Festwert D nach Gl. (36)

$$D = \frac{1}{a^2} \cdot \left[\frac{r_0}{6\,J_I} \cdot (3\,r^2 + r_0^2) + 2{,}6 \cdot \frac{l_{z\,0}}{J_z} \cdot r^2\right] =$$

$$= \frac{1000}{68^2}\left[\frac{10}{6 \cdot 5670} \cdot (3 \cdot 23^2 + 10^2) + 2{,}6 \cdot \frac{9}{3217} \cdot 23^2\right]$$

$$D = 0{,}937$$

und, da die Ableitung des an der Kurbel *a* erzeugten Drehmomentes nach rechts erfolgt, mit dem Festwert $D_{z,2}$ nach Gl. (44)

$$D_{z,2}=\frac{r^2}{2a}\cdot\left(\frac{r_0}{J_I}+2{,}6\frac{l_{z,0}}{J_z}\right)=\frac{1000\cdot 23^2}{2\cdot 68}\left(\frac{10}{5670}+2{,}6\cdot\frac{9}{3217}\right)=35{,}05$$

erhält man die gesuchten Einflußzahlen nach Gl. (37) und (41)

$$\lambda''_{a,1}=\mu''_{a,2}=C\cdot\lambda'_{a,1}+D \quad =0{,}921\cdot 5{,}62\ +0{,}937=6{,}112$$
$$\lambda''_{a,2}=\mu''_{a,1}=C\cdot\lambda'_{a,2}-D \quad =0{,}921\cdot 4{,}14\ -0{,}937=2{,}875$$
$$\zeta''_{a,1}= \quad =C\cdot\zeta'_{a,1}-D_{z,2}=0{,}921\cdot 101{,}3-35{,}05=58{,}3$$
$$\zeta''_{a,2}= \quad =C\cdot\zeta'_{a,2}+D_{z,2}=0{,}921\cdot 101{,}3+35{,}05=128{,}3$$

Teilwelle *b* (Abb. 32): Von der geringen Verschwächung der Welle am rechten Lagerzapfen kann abgesehen werden; dann hat die Welle gleichbleibenden Durchmesser und es können die einfachen Gl. (20) und (24) Verwendung finden, wobei zu beachten ist, daß die Welle zwei Einzellasten $P_{b,1}$ und $P_{b,2}$ trägt.

$$b=138\ \text{cm},$$
$$p_{b,1}=56,\quad q_{b,1}=82\ \text{cm},$$
$$p_{b,2}=88,\quad q_{b,2}=50\ \text{cm},$$
$$d=16\ \text{cm}.$$

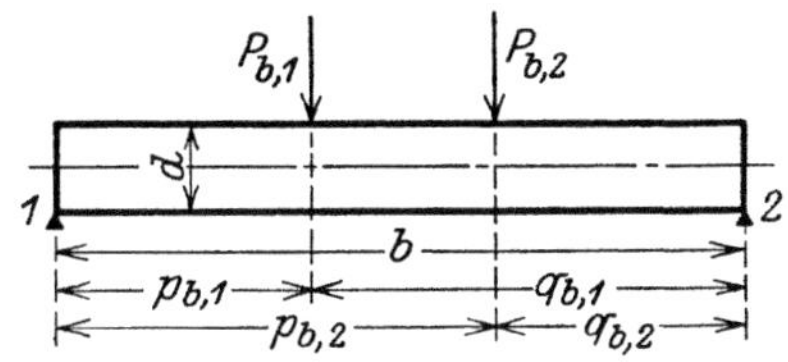

Abb. 32.

$$\alpha_{b,2}=\beta_{b,1}=3{,}4\cdot\frac{b}{d^4}=3400\cdot\frac{138}{16^4}=7{,}16$$
$$\alpha_{b,1}=\beta_{b,2}=2\alpha_{b,2}= \quad =14{,}32$$
$$\gamma_{(b,1)1}=\frac{20{,}4}{d^4}\cdot\frac{p_{b,1}\cdot q_{b,1}}{6b}\cdot(p_{b,1}+2\,q_{b,1})=\frac{20400}{16^4}\cdot\frac{56\cdot 82}{6\cdot 138}(56+2\cdot 82)=380$$
$$\gamma_{(b,1)2}=\frac{20{,}4}{d^4}\cdot\frac{p_{b,1}\cdot q_{b,1}}{6b}\cdot(2p_{b,1}+q_{b,1})= \quad =335$$
$$\gamma_{(b,2)1}=\frac{20{,}4}{d^4}\cdot\frac{p_{b,2}\cdot q_{b,2}}{6b}\cdot(p_{b,2}+2\,q_{b,2})=\frac{20400}{16^4}\cdot\frac{88\cdot 50}{6\cdot 138}(88+2\cdot 50)=311$$
$$\gamma_{(b,2)2}=\frac{20{,}4}{d^4}\cdot\frac{p_{b,2}\cdot q_{b,2}}{6b}\cdot(2p_{b,2}+q_{b,2})= \quad =374$$

Zusammenstellung der Einflußzahlen.

Teilwelle	Zylindrische Wellenteile	In der Kröpfungsebene	Senkrecht zur Kröpfungsebene
a	$\alpha_{a,1}=\beta_{a,2}=7{,}06$ $\alpha_{a,2}=\beta_{a,1}=3{,}53$ $\gamma_{a,1}=\gamma_{a,2}=90$	$\lambda'_{a,1}=\mu'_{a,2}=5{,}62$ $\lambda'_{a,2}=\mu'_{a,1}=4{,}14$ $\zeta'_{a,1}=\zeta'_{a,2}=101{,}3$	$\lambda''_{a,1}=\mu''_{a,2}=6{,}112$ $\lambda''_{a,2}=\mu''_{a,1}=2{,}875$ $\zeta''_{a,1}=58{,}3,\ \zeta''_{a,2}=128{,}3$
b	$\alpha_{b,1}=\beta_{b,2}=14{,}32$ $\alpha_{b,2}=\beta_{b,1}=7{,}16$ $\gamma_{(b,1)1}=380,\ \gamma_{(b,1)2}=335$ $\gamma_{(b,2)1}=311,\ \gamma_{(b,2)2}=374$		

b) Berechnung der Lagermomente $M_{b,h}$ und $M_{b,v}$.

Die Kurbel a soll in der lotrechten Belastungsebene festgehalten werden (Abb. 33). Die Gl. (46) zur Berechnung der Seitenmomente des Lagermomentes M_b nimmt, da die Außenmomente $M_a = M_c = 0$ sind, nur die Teilwelle a eine Kröpfung hat, dagegen auf die Teilwelle b zwei Lasten wirken, Gl. (6b), die Form an

$$P_a \cdot (\gamma_{a,2} + \zeta_{a,2}) + P_{b,1} \cdot \gamma_{(b,1)1} + P_{b,2} \cdot \gamma_{(b,2)1} = \\ = M_b(\beta_{a,2} + \mu_{a,2} + \alpha_{b,1}),$$

daher für das Moment $M_{b,h}$ in der wagrechten Belastungsebene (senkrecht zur Kröpfung)

$$P_{a,h}(\gamma_{a,2} + \zeta''_{a,2}) + P_{(b,1)h} \cdot \gamma_{(b,1)1} + P_{(b,2)h} \cdot \gamma_{(b,2)1} = \\ = M_{b,h}(\beta_{a,2} + \mu''_{a,2} + \alpha_{b,1})$$

$$P_{a,h}(90 + 128{,}3) + 380 \cdot P_{(b,1)h} + 311 \cdot P_{(b,2)h} = \\ = M_{b,h}(7{,}06 + 6{,}11 + 14{,}32)$$

$$M_{b,h} = 7{,}94\, P_{a,h} + 13{,}83\, P_{(b,1)h} + 11{,}32\, P_{(b,2)h}$$

und für das Moment in der lotrechten Belastungsebene (in der Kröpfungsebene)

$$P_{a,v}(\gamma_{a,2} + \zeta'_{a,2}) + P_{(b,1)v} \cdot \gamma_{(b,1)1} + P_{(b,2)v} \cdot \gamma_{(b,2)1} = \\ = M_{b,v}(\beta_{a,2} + \mu'_{a,2} + \alpha_{b,1})$$

$$P_{a,v}(90 + 101{,}3) + 380\, P_{(b,1)v} + 311 P_{(b,2)v} = \\ = M_{b,v}(7{,}06 + 5{,}62 + 14{,}32)$$

$$M_{b,v} = 7{,}09\, P_{a,v} + 14{,}07\, P_{(b,1)v} + 11{,}52\, P_{(b,2)v}.$$

c) Berechnung der Stützenwiderstände.

Aus den Gl. (47) unter Beachtung von Gl. (6a)

$$R_a = \frac{P_a \cdot q_a}{a} - \frac{M_b}{a}$$

$$R_b = \frac{P_a \cdot p_a}{a} + \frac{P_{b,1} \cdot q_{b,1}}{b} + \frac{P_{b,2} \cdot q_{b,2}}{b} + M_b \cdot \frac{a+b}{ab}$$

$$R_c = \frac{P_{b,1} \cdot p_{b,1}}{b} + \frac{P_{b,2} \cdot p_{b,2}}{b} - \frac{M_b}{b}$$

erhält man mit den Werten $P_{a,h}$, $P_{(b,1)h}$ und $P_{(b,2)h}$ bzw. $P_{a,v}$, $P_{(b,1)v}$ und $P_{(b,2)v}$ nach Einsetzung der Werte für die Momente $M_{b,h}$ bzw. $M_{b,v}$ die Stützenwiderstände in der wagrechten

$$R_{a,h} = \frac{34}{68} \cdot P_{a,h} - \frac{M_{b,h}}{68}.$$

$$R_{b,h} = \frac{34}{68} \cdot P_{a,h} + \frac{82}{138} \cdot P_{(b,1)h} + \frac{50}{138} \cdot P_{(b,2)h} + \frac{68+138}{68 \cdot 138} \cdot M_{b,h},$$

$$R_{c,h} = \frac{56}{138} \cdot P_{(b,1)h} + \frac{88}{138} \cdot P_{(b,2)h} - \frac{M_{b,h}}{138}.$$

$$R_{a,h} = 0{,}383\, P_{a,h} - 0{,}203\, P_{(b,1)h} - 0{,}166\, P_{(b,2)h},$$

$$R_{b,h} = 0{,}675\, P_{a,h} + 0{,}897\, P_{(b,1)h} + 0{,}610\, P_{(b,2)h},$$

$$R_{c,h} = -0{,}058\, P_{a,h} + 0{,}306\, P_{(b,1)h} + 0{,}556\, P_{(b,2)h},$$

und die Stützenwiderstände in der lotrechten Belastungsebene:

$$R_{a\,v} = \frac{34}{68} P_{a,v} \qquad\qquad - \frac{M_{b,v}}{68},$$

$$R_{b,v} = \frac{34}{68} P_{a,v} + \frac{82}{138} P_{(b,1)v} + \frac{50}{138} \cdot P_{(b,2)v} + \frac{68+138}{68 \cdot 138} M_{b,v},$$

$$R_{c\,v} = \qquad \frac{56}{138} P_{(b,1)v} + \frac{88}{138} P_{(b\,2)v} - \frac{M_{b\,v}}{138}.$$

$$R_{a,v} = 0{,}396\, P_{a,v} - 0{,}207\, P_{(b,1)v} - 0{,}169\, P_{(b\,2)v},$$

$$R_{b,v} = 0{,}656\, P_{a,v} + 0{,}903\, P_{(b,1)v} + 0{,}615\, P_{(b,2)v}.$$

$$R_{e,v} = -0{,}052\, P_{a,v} + 0{,}304\, P_{(b,1)v} + 0{,}554\, P_{(b,2)v}$$

Es sollen nun nach Enßlin die Stützenwiderstände berechnet werden:

1. für die Stellung der Kurbel im Totpunkt,
2. „ „ „ „ „ unter 35° nach der Totpunktlage.

1. Kurbel im Totpunkt: Alle Kräfte und Momente fallen in die lotrechte Belastungsebene; die Gl. für $R_{a,v}$, $R_{b,v}$, $R_{c,v}$ geben daher bereits die gesamten Stützenwiderstände R_a, R_b, R_c. Mit den Werten für die Stangenkraft $P_a = 21\,200$, das Schwungradgewicht $P_{b,1} = 1600$ und das Riemenscheibengewicht $P_{b,2} = 500$ kg ergibt sich

$$\boldsymbol{R_a} = \mathbf{7\,979\ kg}$$

$$\boldsymbol{R_b} = \mathbf{15\,659}\ „$$

$$\boldsymbol{R_c} = \mathbf{-338}\ „$$

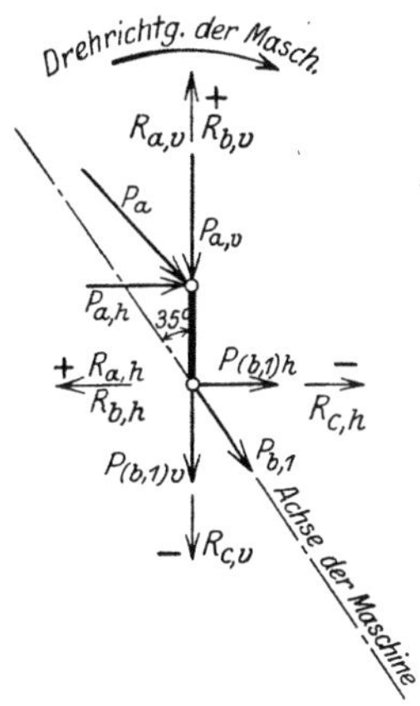

Abb. 33.

2. Kurbel 35° nach Überschreitung der Totpunktlage. Dreht man die Maschinenachse um 35° gegen die in der lotrechten Belastungsebene festgehaltene Kurbel, so ergibt sich Abb. 33. Alle angreifenden Kräfte sind in ihre Seitenkräfte parallel zu den Belastungsebenen zu zerlegen. Es ist

$$P_a = 18\,400\ \text{kg} \begin{cases} P_{a,h} = 12\,200\ \text{kg} \\ P_{a,v} = 14\,000\ „ \end{cases}$$

$$P_{b,1} = 1600\ „ \begin{cases} P_{(b,1)h} = 920\ „ \\ P_{(b,1)v} = 1300\ „ \end{cases}$$

$$P_{b,2} = 500\ „ \begin{cases} P_{(b,2)h} = 285\ „ \\ P_{(b,2)v} = 410\ „ \end{cases}$$

die sämtlich mit +-Vorzeichen einzuführen sind, da sie durchwegs Stützenwiderstände erzeugen, die die Richtung der +-Achsen haben. Man erhält

$$R_{a,h} = 4439, \qquad R_{b,h} = 9234, \qquad R_{c,h} = -268\ \text{kg},$$

$$R_{a\,v} = 5206, \qquad R_{b\,v} = 10610, \qquad R_{c,v} = -106\ „$$

und damit die gesamten Stützenwiderstände nach Gl. (48)

$$\boldsymbol{R_a} = \sqrt{4439^2 + 5206^2} = \mathbf{6\,840\ kg}$$

$$\boldsymbol{R_b} = \sqrt{9234^2 + 10610^2} = \mathbf{14\,070}\ „$$

$$\boldsymbol{R_c} = \sqrt{268^2 + 106^2} = \mathbf{288}\ „$$

d) Berechnung der Neigungswinkel.

Die Neigungswinkel der Wellenachse in den Lagern ergeben sich für die Totpunktlage größer als für die Stellung der Kurbel unter 35°; daher sollen sie für die Totlage gerechnet werden, wobei nicht zu übersehen ist, daß man wieder die Einflußzahlen durch 1000 zu teilen hat. Es ist nach Ergänzung durch die Einflußzahlen der Kröpfung nach Gl. (4)

$$E\cdot\varphi_{a,1} = P_a\cdot(\gamma_{a,1} + \zeta'_{a,1}) - M_b(\beta_{a,1} + \mu'_{a,1})$$
$$E\cdot\varphi_{a,2} = P_a\cdot(\gamma_{a,2} + \zeta'_{a,2}) - M_b(\beta_{a,2} + \mu'_{a,2}) = -E\cdot\varphi_{b,1}$$
$$E\cdot\varphi_{b,2} = P_{b,1}\cdot\gamma_{(b,1)2} + P_{b,2}\cdot\gamma_{(b,2)2} - M_b\cdot\alpha_{b,2}\,.$$

Da alle angreifenden Kräfte in der Kröpfungsebene liegen, so ist die elastische Linie der Wellenachse eine ebene Kurve. Man erhält mit den Werten der angreifenden Kräfte für die Totlage aus der Gleichung für $M_{b,v}$ für das Lagermoment

$$M_b = 7{,}09\cdot 21\,200 + 14{,}07\cdot 1600 + 11{,}52\cdot 500 = 178\,580 \text{ cmkg}$$

und für die Neigungswinkel mit $E = 2{,}1\cdot 10^6$

$$10^6\cdot\varphi_{a,1} = \qquad = \frac{1}{2100}\,[21\,200\,(90 + 101{,}3) - 178\,580\,(3{,}53 + 4{,}14)] = 1279$$

$$10^6\cdot\varphi_{a,2} = -10^6\cdot\varphi_{b,1} = \frac{1}{2100}\,[21\,200\,(90 + 101{,}3) - 178\,580\,(7{,}06 + 5{,}62)] = \ \ 853$$

$$10^6\cdot\varphi_{b,2} = \qquad = \frac{1}{2100}\,[335\cdot 1600 + 374\cdot 500 - 178\,580\cdot 7{,}16] = -264\,.$$

3. Beispiel: Berechnung der dreifach gelagerten, doppelt gekröpften Kurbelwelle eines Verbundlokomobils (325/600 mm Bohrung, 550 mm Hub) **mit unter 180° versetzten Kurbeln** (Abb. 34).

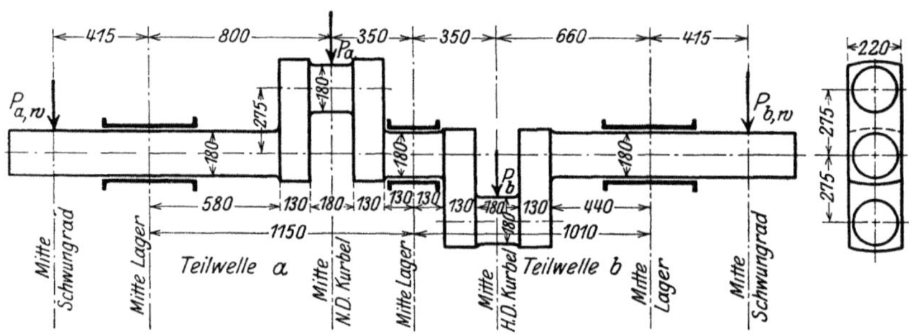

Abb. 34.

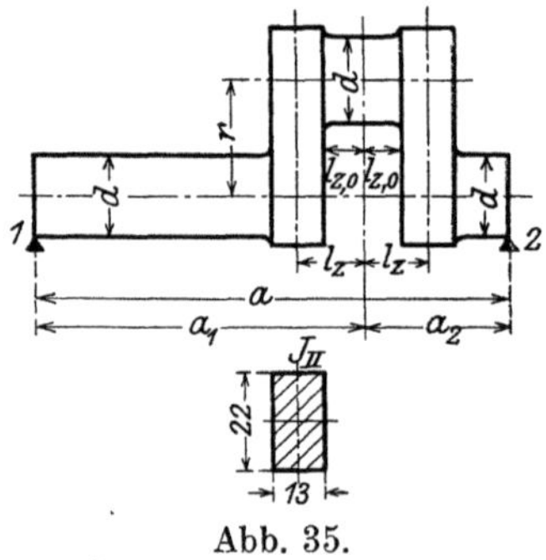

Abb. 35.

a) Berechnung der Einflußzahlen.

Teilwelle a (Abb. 35):

$$a = 115 \text{ cm}\,,$$
$$a_1 = p_a = 80\,,\qquad a_2 = q_a = 35 \text{ cm}\,,$$
$$l_z = 15{,}5\,,\qquad l_{z,0} = 9 \text{ cm}\,,$$
$$r = 27{,}5\,,\qquad d = 18 \text{ cm}\,.$$

Für die freie Länge r_0 des Kurbelarms soll hier nach Gl. (29 a)

$$\varkappa = 0{,}25$$

gesetzt werden. Dann ist

$$r_0 = r - \varkappa\cdot d = 27{,}5 - 0{,}25\cdot 18 = 23 \text{ cm}\,.$$

Ferner ist

$$J_I = \frac{13\cdot 22^3}{12} = 11536\,, \qquad J_{II} = \frac{22\cdot 13^3}{12} = 4028 \text{ cm}^4\,,$$

$$J_z = \frac{\pi\cdot 18^4}{64} = 5153 \text{ cm}^4\,.$$

1. Einflußzahlen für die zylindrischen Wellenteile: Da diese Wellenteile durchwegs gleichen Durchmesser d haben, so erfolgt die Berechnung der Einflußzahlen α und β wie bei der Teilwelle a im 2. Beispiel nach den einfachen Gl. (20).

Es ergibt sich

$$\alpha_{a,2} = \beta_{a,1} = 3{,}72\,,$$
$$\alpha_{a,1} = \beta_{a,2} = 7{,}44\,.$$

Dagegen sind, weil die Kröpfungsmitte nicht symmetrisch zu den Lagermitten liegt, für die Berechnung der Einflußzahlen γ der Stangenkraft P_a die Gl. (24) in Anwendung zu bringen.

$$\gamma_{a,1} = \frac{20{,}4}{d^4}\cdot\frac{p_a\cdot q_a}{6\,a}(p_a + 2\,q_a) = \frac{20400}{18^4}\cdot\frac{80\cdot 35}{6\cdot 115}(80 + 2\cdot 35) = 118{,}2\,,$$

$$\gamma_{a,2} = \frac{20{,}4}{d^4}\cdot\frac{p_a\cdot q_a}{6\,a}(2\,p_a + q_a) = \qquad = 153{,}7\,.$$

2. Einflußzahlen in der Kröpfungsebene. Nach den Gl. (30a, b, c) ist

$$\lambda'_{a,1} = \frac{2\,r_0}{J_{II}}\cdot\frac{a_2^2 + l_z^2}{a^2} = \frac{2000\cdot 23}{4028}\cdot\frac{35^2 + 15{,}5^2}{115^2} = 1{,}27$$

$$\lambda'_{a,2} = \mu'_{a,1} = \frac{2\,r_0}{J_{II}}\cdot\frac{a_1 a_2 - l_z^2}{a^2} = \qquad = 2{,}21$$

$$\mu'_{a,2} = \frac{2\,r_0}{J_{II}}\cdot\frac{a_1^2 + l_z^2}{a^2} = \qquad = 5{,}74$$

und nach Gl. (32a, b)

$$\zeta'_{a,1} = \frac{r_0}{J_{II}}\cdot\frac{a_2}{a^2}\left[2\,a_1 a_2 - a\cdot l_z - \left(1 - \frac{a_1}{a_2}\right) l_z^2\right] =$$
$$= \frac{1000\cdot 23}{4028}\cdot\frac{35}{115}\left[2\cdot 80\cdot 35 - 115\cdot 15{,}5 - \left(1 - \frac{80}{35}\right)\cdot 15{,}5^2\right] = 62{,}3$$

$$\zeta'_{a,2} = \frac{r_0}{J_{II}}\cdot\frac{a_1}{a^2}\left[2\,a_1 a_2 - a\cdot l_z - \left(1 - \frac{a_2}{a_1}\right) l_z^2\right] = 127{,}6\,.$$

3. Einflußzahlen senkrecht zur Kröpfungsebene. Nach Gl. (34) ist

$$C = 0{,}78\left(1 + \frac{J_{II}}{J_I}\right) = 0{,}78\left(1 + \frac{4028}{11536}\right) = 1{,}052$$

und nach Gl. (36)

$$D = \frac{1}{a^2}\cdot\left[\frac{r_0}{6\,J_I}\cdot(3\,r^2 + r_0^2) + 2{,}6\,\frac{l_{z,0}}{J_z}\cdot r^2\right] =$$
$$= \frac{1000}{115^2}\left[\frac{23}{6\cdot 11536}(3\cdot 27{,}5^2 + 23^2) + 2{,}6\cdot\frac{9}{5153}\cdot 27{,}5^2\right] = 0{,}333\,.$$

Bei Berechnung des Festwertes D_z für die Ermittlung der Einflußzahlen $\zeta''_{a,1}$ und $\zeta''_{a,2}$ der Stangenkraft P_a ist darauf Rücksicht zu nehmen, wie das von dieser Kraft an der Kurbel erzeugte Drehmoment zu den Schwungrädern abgeleitet wird. Es soll angenommen werden, daß das Drehmoment an der Niederdruckkurbel (Teilwelle a) zur Gänze vom linken, das Drehmoment an der Hochdruckkurbel (Teilwelle b) vom rechten Schwungrad abgenommen wird. Die Gl. (40) ermöglicht übrigens auch die Annahme, daß etwa nur ein Teil des Drehmomentes an der Niederdruckkurbel vom linken, der andere Teil aber vom rechten Schwungrad abgenommen wird; dann ist aber zu berücksichtigen, daß der letztgenannte Teil durch die Hochdruckkurbel hindurchgeleitet werden muß, was auf die Stützenwiderstände senkrecht zur Kröpfungsebene von Einfluß ist und durch Verwendung der Einflußzahlen ω (Gl. 45) zu berücksichtigen ist. Die Art, wie diese Einflußzahlen zu verwenden sind, geht aus den Beispielen 4 und 5 hervor.

Wird das Drehmoment an der Teilwelle a zur Gänze nach links abgenommen, so folgt der Festwert aus Gl. (42a)

$$D_{z,1} = -\frac{1}{a^2}\left[\frac{r_0}{J_I}\left(\frac{a_1 - a_2}{12}\cdot r_0^2 + \frac{3a_1 + a_2}{4} r^2\right) + 2{,}6\,\frac{l_{z,0}}{J_z}\cdot r^2\cdot a_1\right] =$$

$$= -\frac{1000}{115^2}\cdot\left[\frac{23}{11536}\cdot\left(\frac{80-35}{12}\cdot 23^2 + \frac{3\cdot 80+35}{4}\cdot 27{,}5^2\right) + 2{,}6\cdot\frac{9}{5153}\cdot 27{,}5^2\cdot 80\right]$$

$$D_{z,1} = -29{,}2\,.$$

Mit diesen Festwerten erhält man nun aus Gl. (37a, b) und (41)

$$\lambda''_{a,1} = \quad = C\cdot\lambda'_{a,1} + D = 1{,}052\cdot 1{,}27 + 0{,}333 = 1{,}67$$

$$\lambda''_{a,2} = \mu''_{a,1} = C\cdot\lambda'_{a,2} - D = 1{,}052\cdot 2{,}21 - 0{,}333 = 1{,}99$$

$$\mu''_{a,2} = \quad = C\cdot\mu'_{a,2} + D = 1{,}052\cdot 5{,}74 + 0{,}333 = 6{,}37$$

$$\zeta''_{a,1} = \quad = C\cdot\zeta'_{a,1} - D_{z,1} = 1{,}052\cdot 62{,}3 + 29{,}2 = 94{,}7$$

$$\zeta''_{a,2} = \quad = C\cdot\zeta'_{a,2} + D_{z,1} = 1{,}052\cdot 127{,}6 - 29{,}2 = 105{,}0\,.$$

Teilwelle b (Abb. 36):

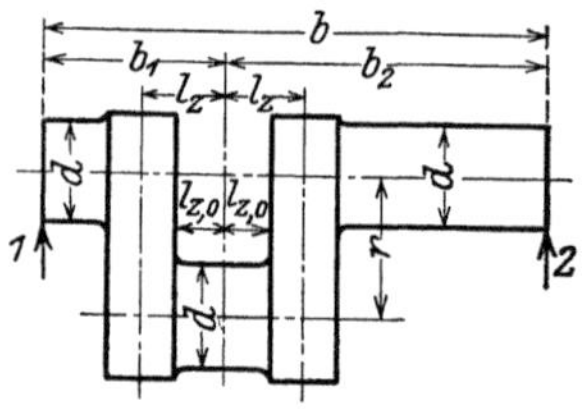

Abb. 36.

$$b = 101 \text{ cm},$$

$$b_1 = p_b = 35\,, \qquad b_2 = q_b = 66 \text{ cm}\,.$$

Die übrigen Werte wie bei Teilwelle a.

1. Zylindrische Wellenteile: Nach Gl. (20)

$$\alpha_{b,2} = \beta_{b,1} = 3{,}27\,,$$

$$\alpha_{b,1} = \beta_{b,2} = 6{,}54\,.$$

Nach Gl. (24)

$$\gamma_{b,1} = \frac{20{,}4}{d^4}\cdot\frac{p_b\cdot q_b}{6b}\cdot(p_b + 2q_b) = 123{,}7\,,$$

$$\gamma_{b,2} = \frac{20{,}4}{d^4}\cdot\frac{p_b\cdot q_b}{6b}\cdot(2p_b + q_b) = 100{,}7\,.$$

2. Einflußzahlen in der Kröpfungsebene: Nach Gl. (30a, b, c)

$$\lambda'_{b,1} = \frac{2r_0}{J_{II}}\cdot\frac{b_2^2 + l_z^2}{b^2} = 5{,}15$$

$$\lambda'_{b,2} = \mu'_{b,1} = \frac{2r_0}{J_{II}}\cdot\frac{b_1 b_2 - l_z^2}{b^2} = 2{,}32$$

$$\mu'_{b,2} = \frac{2r_0}{J_{II}}\cdot\frac{b_1^2 + l_z^2}{b^2} = 1{,}64\,.$$

Nach Gl. (32a, b)

$$\zeta'_{b,1} = \frac{r_0}{J_{II}} \cdot \frac{b_2}{b^2} \cdot \left[2\,b_1 b_2 - b \cdot l_z - \left(1 - \frac{b_1}{b_2}\right) \cdot l_z^2\right] = 108{,}7$$

$$\zeta'_{b,2} = \frac{r_0}{J_{II}} \cdot \frac{b_1}{b^2} \cdot \left[2\,b_1 b_2 - b \cdot l_z - \left(1 - \frac{b_2}{b_1}\right) \cdot l_z^2\right] = 64{,}0\,.$$

3. Einflußzahlen senkrecht zur Kröpfungsebene. Der Wert

$$C = 0{,}78\left(1 + \frac{J_{II}}{J_I}\right) = 1{,}052$$

wie bei Teilwelle a.

Nach Gl. (36)

$$D = \frac{1}{b^2}\left[\frac{r_0}{6\,J_I}(3\,r^2 + r_0^2) + 2{,}6\,\frac{l_{z,0}}{J_z} \cdot r^2\right] = 0{,}432\,.$$

Da das an der Teilwelle b erzeugte Drehmoment nach der Annahme zur Gänze nach rechts abgeleitet werden soll, so ist der Festwert $D_{z,2}$ nach Gl. (42b) zu verwenden, der $+$-Vorzeichen hat.

$$D_{z,2} = \frac{1}{b^2} \cdot \left[\frac{r_0}{J_I}\left(\frac{b_2 - b_1}{12} \cdot r_0^2 + \frac{b_1 + 3\,b_2}{4}\,r^2\right) + 2{,}6\,\frac{l_{z,0}}{J_z} \cdot r^2 \cdot b_2\right] = +\,31{,}1\,.$$

Nach Gl. (37a, b) und (41)

$$\lambda''_{b,1} = \quad = C \cdot \lambda'_{b,1} + D \quad = 5{,}85\,,$$

$$\lambda''_{b,2} = \mu''_{b,1} = C \cdot \lambda'_{b,2} - D \quad = 2{,}01$$

$$\lambda''_{b,2} - \quad = C \cdot \mu'_{b,2} + D \quad = 2{,}16$$

$$\zeta''_{b,1} = \quad = C \cdot \zeta'_{b,1} - D_{z\,2} = 1{,}052 \cdot 108{,}7 - 31{,}1 = 83{,}2$$

$$\zeta''_{b,2} = \quad = C \cdot \zeta'_{b.2} + D_{z\,2} = 1{,}052 \cdot\ 64{,}0 + 31{,}1 = 98{,}4\,.$$

Zusammenstellung der Einflußzahlen.

Teilwelle	Zylindrische Wellenteile	In der Kröpfungsebene	**Senkrecht** zur Kröpfungsebene
	$\alpha_{a,1} = \beta_{a,2} = 7{,}44$	$\lambda'_{a,1} = 1{,}27$	$\lambda''_{a,1} = 1{,}67$
	$\alpha_{a,2} = \beta_{a,1} = 3{,}72$	$\lambda'_{a,2} = \mu'_{a.1} = 2{,}21$	$\lambda''_{a,2} = \mu''_{a,1} = 1{,}99$
a	$\gamma_{a,1} = 118{,}2$	$\mu'_{a,2} = 5{,}74$	$\mu''_{a,2} = 6{,}37$
	$\gamma_{a\,2} = 153{,}7$	$\zeta'_{a.1} = 62{,}3$	$\zeta''_{a,1} = 94{,}7$
		$\zeta'_{a,2} = 127{,}6$	$\zeta''_{a,2} = 105$
	$\alpha_{b,1} = \beta_{b,2} = 6{,}54$	$\lambda'_{b,1} = 5{,}15$	$\lambda''_{b,1} = 5{,}85$
	$\alpha_{b,2} = \beta_{b\ 1} = 3{,}27$	$\lambda'_{b,2} = \mu'_{b,1} = 2{,}32$	$\lambda''_{b,2} = \mu''_{b,1} = 2{,}01$
b	$\gamma_{b,1} = 123{,}7$	$\mu'_{b,2} = 1{,}64$	$\mu''_{b,2} = 2{,}16$
	$\gamma_{b,2} = 100{,}7$	$\zeta'_{b,1} = 108{,}7$	$\zeta''_{b,1} = 83{,}2$
		$\zeta'_{b,2} = 64{,}0$	$\zeta''_{b,2} = 98{,}4$

b) Berechnung der Lagermomente M.

Für die weitere Berechnung sollen die Kurbeln in der wagrechten Belastungsebene festgehalten werden (Abb. 37). Man erhält dann aus Gl. (46) durch Einsetzen der entsprechenden Werte für die Einflußzahlen der Kröpfungen folgende Gleichungen zur Berechnung der Seitenmomente $M_{b,h}$ und $M_{b,v}$ und des Lagermomentes M_b:

$$P_{a,h}(\gamma_{a,2} + \zeta'_{a,2}) + P_{b,h}(\gamma_{b,1} + \zeta'_{b,1}) - M_{a,h}(\alpha_{a,2} + \lambda'_{a,2}) - \\ - M_{c,h}(\beta_{b,1} + \mu'_{b,1}) = M_{b,h}(\beta_{a,2} + \mu'_{a,2} + \alpha_{b,1} + \lambda'_{b,1})$$

$$P_{a,v}(\gamma_{a,2} + \zeta''_{a,2}) + P_{b,v}(\gamma_{b,1} + \zeta''_{b,1}) - M_{a,v}(\alpha_{a,2} + \lambda''_{a,2}) - \\ - M_{c,v}(\beta_{b,1} + \mu''_{b,1}) = M_{b,v}(\beta_{a,2} + \mu''_{a,2} + \alpha_{b,1} + \lambda''_{b,1})$$

und nach Einsetzung der bezüglichen Werte der Einflußzahlen

$$\begin{aligned} M_{b,h} &= 11{,}32\, P_{a,h} + 9{,}35\, P_{b,h} - 0{,}238\, M_{a,h} - 0{,}225\, M_{c,h} \\ M_{b,v} &= 9{,}87\, P_{a,v} + 7{,}90\, P_{b,v} - 0{,}218\, M_{a,h} - 0{,}202\, M_{c,h} \end{aligned} \tag{a}$$

c) Berechnung der Stützenwiderstände.

Auf die Welle wirken (Abb. 34) neben den Stangenkräften P_a und P_b an den Kurbeln noch an den Wellenstummeln außerhalb der beiden Außenlager die Gewichte der fliegenden Schwungräder und die Riemenzüge. Bringt man zu jeder dieser letztgenannten Kräfte $P_{a,w}$ bzw. $P_{b,w}$ in der Mittelebene des ihr benachbarten Außenlagers zwei gleich große, aber entgegengesetzt gerichtete Kräfte an, so äußert sich die Wirkung jeder Außenkraft in einem Außenmoment M_a bzw. M_c und in einer gleich großen, gleichgerichteten Kraft, die durch den Auflagerpunkt hindurchgeht. Letztere ist auf die Verformung der Welle ohne Einfluß, bleibt aber bei der Berechnung der Stützenwiderstände selbstverständlich zu berücksichtigen. Man erhält für letztere allgemein nach Gl. (47)

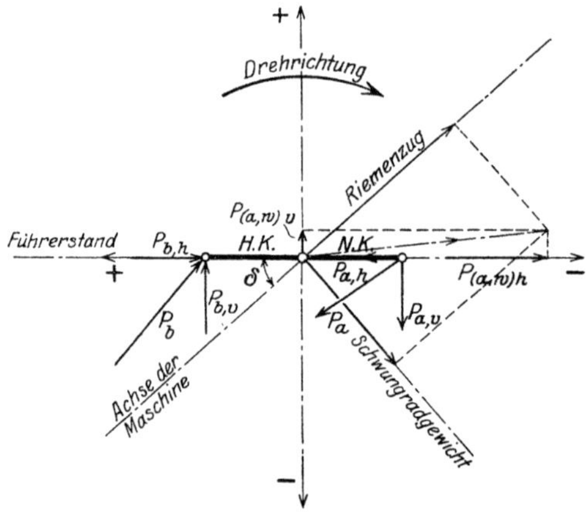

Abb. 37.

$$\left.\begin{aligned} R_a &= P_{a,w} + P_a \cdot \frac{q_a}{a} + \frac{M_a}{a} - \frac{M_b}{a}, \\ R_b &= P_a \cdot \frac{p_a}{a} + P_b \frac{q_b}{b} - \frac{M_a}{a} + M_b \frac{a+b}{a\,b} - \frac{M_c}{b}, \\ R_c &= P_{b,w} + P_b \cdot \frac{p_b}{b} - \frac{M_b}{b} + \frac{M_c}{b}. \end{aligned}\right\} \tag{b}$$

Durch eine dem wirklichen Umlaufsinn entgegengesetzte Drehung bringt man die Maschine in die gewünschte Lage gegen die Welle (Abb. 37) und zerlegt alle angreifenden Kräfte in ihre Seitenkräfte parallel zu den Belastungsebenen; die wagrechten Seitenkräfte der Stangenkräfte P_a und P_b sind mit $P_{a,h}$ und $P_{b,h}$, die lotrechten mit $P_{a,v}$ und $P_{b,v}$ zu bezeichnen. Die Summen der wagrechten Seitenkräfte der Schwungradgewichte und Riemenzüge sind mit $P_{(a,w)h}$ und $P_{(b,w)h}$, die von ihnen erzeugten Außenmomente mit $M_{a,h}$ und $M_{c,h}$ zu bezeichnen, während die Kräfte und Momente bezüglich der lotrechten Belastungsebene mit $P_{(a,w)v}$ und $P_{(b,w)v}$, $M_{a,v}$ und $M_{c,v}$ zu bezeichnen sind.

Man erhält nun die Stützenwiderstände $R_{a,h}$, $R_{b,h}$ und $R_{c,h}$ in der wagrechten Belastungsebene (Ebene der Kröpfungen), indem man mittels der Werte

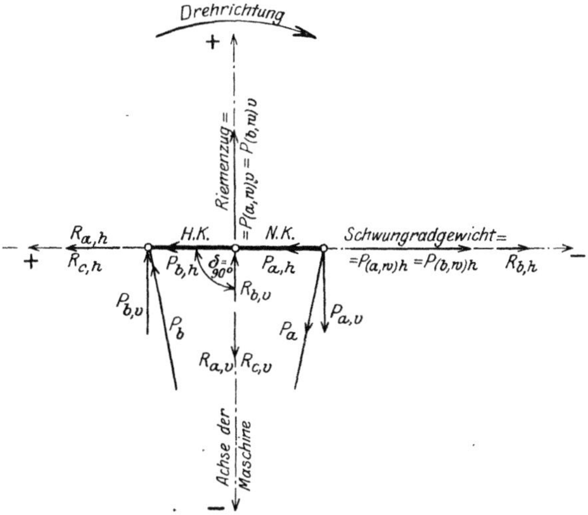

Abb. 38.

$P_{a,h}$, $P_{b,h}$, $M_{a,h}$ und $M_{c,h}$ zunächst das Lagermoment $M_{b,h}$ aus Gl. (a) berechnet und dieses mit den zugehörigen Werten in die Gl. (b) für die Stützenwiderstände einsetzt. In gleicher Weise erhält man nach Berechnung des Wertes $M_{b,v}$ die Stützenwiderstände $R_{a,v}$, $R_{b,v}$ und $R_{c,v}$ in der lotrechten Belastungsebene.

Bei Einsetzung der Werte für die angreifenden Kräfte und Momente ist unter Beachtung der Regeln unter Abschn. 1 bzw. 8 auf die Vorzeichen streng zu achten.

Die Rechnung soll nun für jene Kurbelstellung durchgeführt werden, bei der die Kurbelebene gegen die Totlage um 90° verdreht ist (Abb. 38). Bei einer Dampfspannung von 10 Atm. bei Einströmen im Hochdruckzylinder wurden die Stangenkräfte aus dem Tangentialdruckdiagramm zu $P_a = 4080$ kg an der Schubstange des Niederdruck- und $P_b = 5920$ kg an der Schubstange des Hochdruckzylinders ermittelt. Unter Beachtung der Vorzeichenregel, wonach die angreifenden Kräfte + zu bezeichnen sind, wenn sie Stützenwiderstände erzeugen, die die Richtung der +-Achsen nach links bzw. aufwärts haben, erhält man die Seitenkräfte von P_a und P_b zu

$$P_{a,h} = -\ 820 \text{ kg}, \qquad P_{a,v} = \ 5800 \text{ kg},$$
$$P_{b,h} = -1185 \text{ kg}, \qquad P_{b,v} = -4000 \text{ kg}.$$

Das Gewicht jedes Schwungrades beträgt 2000 kg. Der Riemenzug ermittelt sich aus der größten Leistung von 350 PS bei 164 Umdr./min gleich der drei fachen Umfangskraft an jedem Schwungrad zu 1800 kg. Bei der vorliegenden Kurbelstellung fallen die Schwungradgewichte zur Gänze in die wagrechte, die Riemenzüge in die lotrechte Belastungsebene. Es ist daher

$$P_{(a,w)h} = P_{(b,w)h} = \quad 2000 \text{ kg},$$
$$P_{(a,w)v} = P_{(b,w)v} = -1800 \text{ kg}.$$

Da der Abstand von Schwungradmitte bis Mitte Außenlager 41,5 cm beträgt, so ist schließlich

$$M_{a,h} = M_{c,h} = \quad 2000 \cdot 43 = \quad 83\,000 \text{ cmkg},$$
$$M_{a,v} = M_{c,v} = -1800 \cdot 43 = -74\,700 \text{ cmkg}.$$

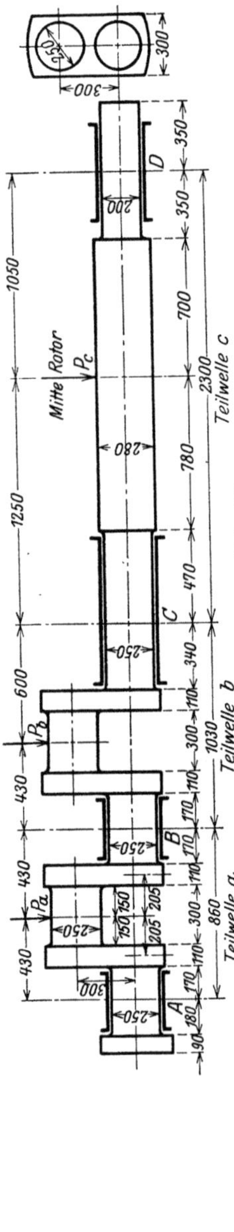

Abb. 39.

Mit diesen Werten erhält man für die Lagermomente aus Gl. (a)

$$M_{b,h} = -11{,}32 \cdot 820 - 9{,}35 \cdot 1185$$
$$- (0{,}238 + 0{,}225) \cdot 83\,000 \quad = -58\,790 \text{ cmkg},$$

$$M_{b,v} = \quad 9{,}87 \cdot 5800 - 7{,}90 \cdot 4000$$
$$- (0{,}218 + 0{,}202) \cdot (-74\,700) = \quad 55\,690 \text{ cmkg}$$

und durch Einsetzung in die Gl. (b) für die Stützenwiderstände mit $a = 115$, $b = 101$, $p_a = 80$, $q_a = p_b = 35$, $q_b = 66$ cm

$$R_{a,h} = \quad 2000 - \frac{35}{115} \cdot 820 + \frac{83\,000}{115} + \frac{58\,790}{115} =$$
$$= +2984 \text{ kg},$$

$$R_{b,h} = \quad -\frac{80}{115} \cdot 820 - \frac{66}{101} \cdot 1185 - \frac{83\,000}{115} -$$
$$\frac{115+101}{115 \cdot 101} \cdot 58\,790 - \frac{83\,000}{101} = -3983 \text{ kg},$$

$$R_{c,h} = \quad 2000 - \frac{35}{101} \cdot 1185 + \frac{58\,790}{101} + \frac{83\,000}{101} =$$
$$= +2994 \text{ kg},$$

$$R_{a,v} = -1800 + \frac{35}{115} \cdot 5800 - \frac{74\,700}{115} - \frac{55\,690}{115} =$$
$$= -1170 \text{ kg},$$

$$R_{b,v} = \quad +\frac{80}{115} \cdot 5800 - \frac{66}{101} \cdot 4000 + \frac{74\,700}{115} +$$
$$\frac{115+101}{115 \cdot 101} \cdot 55\,690 + \frac{74\,700}{101} = +3846 \text{ kg},$$

$$R_{c,v} = -1800 - \frac{35}{101} \cdot 4000 - \frac{55\,690}{101} - \frac{74\,700}{101} =$$
$$= -4476 \text{ kg}.$$

Schließlich erhält man die resultierenden Stützenwiderstände nach Gl. (48)

$$\boldsymbol{R_a} = \sqrt{2984^2 + 1170^2} = \mathbf{3205 \text{ kg}},$$
$$\boldsymbol{R_b} = \sqrt{3983^2 + 3846^2} = \mathbf{5536 \text{ kg}},$$
$$\boldsymbol{R_c} = \sqrt{2994^2 + 4476^2} = \mathbf{6245 \text{ kg}}.$$

4. Beispiel: Berechnung der vierfach gelagerten, doppelt gekröpften Kurbelwelle eines Viertakt-Dieselmotors (Abb. 39).

a) Berechnung der Einflußzahlen.

Teilwelle a: Die Berechnung der Einflußzahlen dieser Welle, deren Kröpfungsmitte zu den Lagermitten symmetrisch liegt, erfolgt in genau gleicher Weise wie bei der Teilwelle a in Beispiel 2. Die freie Länge r_0 des Kurbelarmes $r = 30$ cm wurde mit Rücksicht auf die sehr kräftigen Wellen- und Kurbelzapfen mit $r_0 = 10$ cm angesetzt.

Teilwelle b: Die Berechnung der Einflußzahlen dieser zu den Lagern nicht symmetrischen Welle erfolgt in gleicher Weise wie bei der Teilwelle b im Beispiel 3.

Da das an der Teilwelle a erzeugte Drehmoment durch die Kröpfung der Teilwelle b hindurchgeleitet wird, so sind nach Gl. (45) noch die Einflußzahlen ω_b zu ermitteln. Es ist mit

$$r = 30\,,\quad r_0 = 10\,,\quad b = 103\,,\quad l_{z,0} = 15\text{ cm}\,,\quad J_I = \frac{11\cdot 30^3}{12} = 24750\text{ cm}^4,$$

$$J_{II} = 3327{,}5\text{ cm}^4,\quad J_z = \frac{\pi\cdot 25^4}{64} = 19175\text{ cm}^4,$$

$$\omega_b = \pm\frac{r}{b}\left(\frac{r_0}{J_I} + 2{,}6\cdot\frac{l_{z,0}}{J_z}\right) = \pm 1000\cdot\frac{30}{103}\left(\frac{10}{24750} + 2{,}6\cdot\frac{15}{19175}\right) = \pm 0{,}710\,.$$

Teilwelle c: Diese Teilwelle besteht nur aus zylindrischen Teilen. Die Berechnung der Einflußzahlen ist in ähnlicher Weise durchzuführen wie bei der Teilwelle a in Beispiel 1, gestaltet sich aber wesentlich einfacher, weil der konische Teil entfällt.

Nach Ermittlung sämtlicher Einflußzahlen ergibt sich folgende

Zusammenstellung der Einflußzahlen.

Teilwelle	Zylindr. Wellenteile	in der Kröpfungsebene	senkrecht zur Kröpfungsebene
a	$\alpha_{a,1} = \beta_{a,2} = 1{,}498$ $\alpha_{a,2} = \beta_{a,1} = 0{,}749$ $\gamma_{a,1} = \gamma_{a,2} = 24{,}13$	$\lambda'_{a,1} = \mu'_{a,2} = 1{,}843$ $\lambda'_{a,2} = \mu'_{a,1} = 1{,}163$ $\zeta'_{a,1} = \zeta'_{a,2} = 33{,}80$	$\lambda''_{a,1} = \mu''_{a,2} = 1{,}904$ $\lambda''_{a,2} = \mu''_{a,1} = 0{,}756$ $\zeta''_{a,1} = 17{,}15$ $\zeta''_{a,2} = 42{,}67$
b	$\alpha_{b,1} = \beta_{b,2} = 1{,}794$ $\alpha_{b,2} = \beta_{b,1} = 0{,}897$ $\gamma_{b,1} = \gamma_{b,2} = 34{,}63$	$\lambda'_{b,1} = 2{,}278$ $\lambda'_{b,2} = \mu'_{b,1} = 1{,}224$ $\mu'_{b,2} = 1{,}286$ $\zeta'_{b,1} = 49{,}78$ $\zeta'_{b,2} = 39{,}12$	$\lambda''_{b,1} = 2{,}206$ $\lambda''_{b,2} = \mu''_{b,1} = 0{,}893$ $\mu''_{b,2} = 1{,}328$ $\zeta''_{b,1} = 31{,}80$ $\zeta''_{b,2} = 46{,}89$ $\omega_b = \pm 0{,}710$
c	$\alpha_{c,1} = 3{,}291$ $\alpha_{c,2} = \beta_{c,1} = 1{,}581$ $\beta_{c,2} = 5{,}376$ $\gamma_{c,1} = 116{,}8$ $\gamma_{c,2} = 141{,}9$		

b) Berechnung der Lagermomente.

Die Kurbeln sollen in der lotrechten Belastungsebene festgehalten werden (Abb. 40). Die vorliegende Anordnung stimmt vollständig mit dem Fall überein, der bei der Entwicklung der Gl. (51) angenommen wurde. In die Gleichungen für die Momente in der lotrechten Belastungsebene, die mit der Kröpfungsebene beider Kurbeln zusammenfällt, sind selbstverständlich die einfach gestrichelten Werte für die Einflußzahlen der Kröpfungen einzuführen, während die Glieder mit ω_b entfallen. Man erhält daher nach Gl. (51)

a) für die Momente in der wagrechten Belastungsebene (senkrecht zur Kröpfung)

$$\begin{aligned} P_{a,h}(\gamma_{a,2}+\zeta''_{a,2})+P_{b,h}(\gamma_{b,1}+\zeta''_{b,1})-\omega_{b,1}\cdot M_{t,b} \\ = M_{b,h}(\beta_{a,2}+\mu''_{a,2}+\alpha_{b,1}+\lambda''_{b,1})+M_{c,h}(\beta_{b,1}+\mu''_{b,1}), \\ P_{b,h}(\gamma_{b,2}+\zeta''_{b,2})+P_{c,h}\cdot\gamma_{c,1}+\omega_{b,1}\cdot M_{t,b} \\ = M_{b,h}(\alpha_{b,2}+\lambda''_{b,2})+M_{c,h}(\beta_{b,2}+\mu''_{b,2}+\alpha_{c\,1}) \end{aligned}$$

und nach Einführung der Einflußzahlen

$$\begin{aligned} 66{,}8\ P_{a,h}+66{,}43\,P_{b,h}-0{,}71\,M_{t,b} &= 7{,}402\,M_{b,h}+1{,}79\ M_{c,h}, \\ 81{,}52\,P_{b,h}+116{,}8\ P_{c,h}+0{,}71\,M_{t,b} &= 1{,}79\ M_{b,h}+6{,}413\,M_{c,h} \end{aligned}$$

durch Auflösung nach $M_{b,h}$ und $M_{c,h}$

$$\left.\begin{aligned} M_{b,h} &= 9{,}68\,P_{a,h}+6{,}33\,P_{b,h}-4{,}72\,P_{c,h}-0{,}132\,M_{t,b}, \\ M_{c,h} &= -2{,}70\,P_{a,h}+10{,}94\,P_{b,h}+19{,}53\,P_{c,h}+0{,}148\,M_{t,b}, \end{aligned}\right\} \tag{a}$$

b) für die Momente in der lotrechten Belastungsebene (Kröpfungsebene)

$$\begin{aligned} P_{a,v}(\gamma_{a,2}+\zeta'_{a,2})+P_{b,v}(\gamma_{b,1}+\zeta'_{b,1}) &= M_{b,v}(\beta_{a,2}+\mu'_{a,2}+\alpha_{b,1}+\lambda'_{b,1}) \\ &\quad + M_{c\,v}(\beta_{b,1}+\mu'_{b,1}), \\ P_{b,v}(\gamma_{b,2}+\zeta'_{b,2})+P_{c,v}\cdot\gamma_{c,1} &= M_{b,v}(\alpha_{b,2}+\lambda'_{b,2}) \\ &\quad + M_{c,v}(\beta_{b,2}+\mu'_{b,2}+\alpha_{c,1}), \end{aligned}$$

$$\begin{aligned} 57{,}93\,P_{a,v}+84{,}41\,P_{b,v} &= 7{,}413\,M_{b,v}+2{,}121\,M_{c,v}, \\ 73{,}75\,P_{b,v}+116{,}8\ P_{c,v} &= 2{,}121\,M_{b,v}+6{,}371\,M_{c,v}, \end{aligned}$$

$$\left.\begin{aligned} M_{b,v} &= 8{,}62\,P_{a,v}+8{,}93\,P_{b,v}-5{,}80\,P_{c,v}, \\ M_{c,v} &= -2{,}88\,P_{a,v}+8{,}61\,P_{b,v}+20{,}26\,P_{c,v}. \end{aligned}\right\} \tag{b}$$

c) Berechnung der Stützenwiderstände.

Führt man die Werte $a = 86$, $p_a = q_a = 43$, $b = 103$, $p_b = 43$, $q_b = 60$, $c = 230$, $p_c = 125$, $q_c = 105$ cm in die Gl. (50) für die Stützenwiderstände ein, so erhält man

$$\left.\begin{aligned} R_a &= P_a\cdot\frac{q_a}{a}-\frac{M_b}{a} = \quad = 0{,}5\,P_a \quad -0{,}01163\,M_b, \\ R_b &= P_a\cdot\frac{p_a}{a}+P_b\cdot\frac{q_b}{b}+\frac{a+b}{a\cdot b}\,M_b-\frac{M_c}{b} = 0{,}5\,P_a+0{,}583\,P_b+0{,}02134\,M_b \\ &\qquad -0{,}00971\,M_c, \\ R_c &= P_b\cdot\frac{p_b}{b}+P_c\cdot\frac{q_c}{c}-\frac{M_b}{c}+\frac{b+c}{b\cdot c}\cdot M_c = 0{,}417\,P_b+0{,}457\,P_c-0{,}00971\,M_b \\ &\qquad +0{,}01406\,M_c, \\ R_d &= P_c\cdot\frac{p_c}{c}-\frac{M_c}{c} = \quad = 0{,}543\,P_c \quad -0{,}00435\,M_c. \end{aligned}\right\} \tag{c}$$

Mit $P_{a,h}$, $P_{b,h}$ und $P_{c,h}$ und den Werten für $M_{b,h}$ und $M_{c,h}$ aus den obigen Gleichungen ergibt sich für die Stützenwiderstände in der wagrechten Belastungsebene

$$
\begin{aligned}
R_{a,h} &= 0{,}387\,P_{a,h} - 0{,}074\,P_{b,h} + 0{,}056\,P_{c,h} + 0{,}00154\,M_{t,b}\,,\\
R_{b,h} &= 0{,}733\,P_{a,h} + 0{,}612\,P_{b,h} - 0{,}291\,P_{c,h} - 0{,}00426\,M_{t,b}\,,\\
R_{c,h} &= -0{,}132\,P_{a,h} + 0{,}510\,P_{b,h} + 0{,}775\,P_{c,h} + 0{,}00336\,M_{t,b}\,,\\
R_{d,h} &= 0{,}012\,P_{a,h} - 0{,}048\,P_{b,h} + 0{,}460\,P_{c,h} - 0{,}00064\,M_{t,b}
\end{aligned}
$$

und mit $P_{a,v}$, $P_{b,v}$, $P_{c,v}$ und den Werten für $M_{b,v}$ und $M_{c,v}$ aus den obigen Gleichungen für die Stützenwiderstände in der lotrechten Belastungsebene

$$
\begin{aligned}
R_{a,v} &= 0{,}399\,P_{a,v} - 0{,}104\,P_{b,v} + 0{,}067\,P_{c,v}\,,\\
R_{b,v} &= 0{,}712\,P_{a,v} + 0{,}690\,P_{b,v} - 0{,}321\,P_{c,v}\,,\\
R_{c,v} &= -0{,}124\,P_{a,v} + 0{,}451\,P_{b,v} + 0{,}799\,P_{c,v}\,,\\
R_{d,v} &= 0{,}013\,P_{a,v} - 0{,}037\,P_{b,v} + 0{,}455\,P_{c,v}\,.
\end{aligned}
$$

Diese Gleichungen gestatten die Berechnung der Stützenwiderstände in beiden Belastungsebenen für jede beliebige Kurbelstellung.

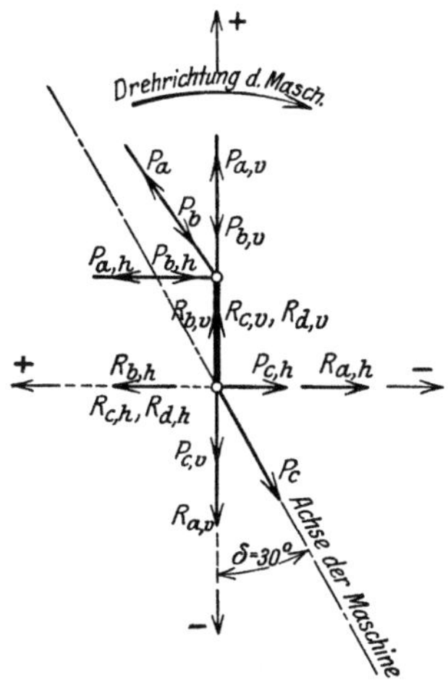

Abb. 40.

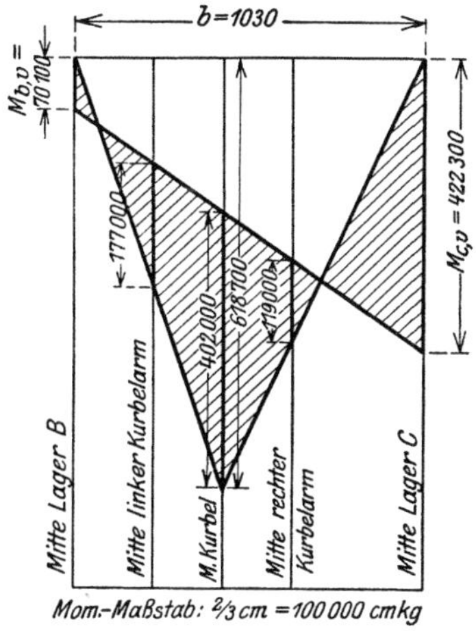

Abb. 41.

Die Stützenwiderstände sollen nun für die Kurbelstellung unter $\delta = 30^0$ nach dem oberen Totpunkt, Arbeitshub der Kurbel b, berechnet werden. Mit einem Rotorgewicht von $P_c = 10000$ kg ergeben sich unter Beachtung der Beschleunigungsdrücke folgende Seitenkräfte in den beiden Belastungsebenen (Abb. 40):

$$
\begin{aligned}
P_{a,h} &= -\ 3700\,, & P_{b,h} &= 22600\,, & P_{c,h} &= 5000 \text{ kg}\,,\\
P_{a,v} &= -11600\,, & P_{b,v} &= 24700\,, & P_{c,v} &= 8700 \text{ kg}\,,
\end{aligned}
$$

ferner das Drehmoment

$$M_{t,b} = P_{a,h} \cdot r = -3700 \cdot 30 = -111000 \text{ cmkg}\,.$$

Führt man diese Werte in die obigen Gl. ein, so erhält man:

$$
\begin{aligned}
R_{a,h} &= -\ 2996 \text{ kg}\,, & R_{a,v} &= -\ 6615 \text{ kg}\,,\\
R_{b,h} &= 10137 \text{ kg}\,, & R_{b,v} &= 5990 \text{ kg}\,,\\
R_{c,h} &= 15517 \text{ kg}\,, & R_{c,v} &= 19535 \text{ kg}\,,\\
R_{d,h} &= 1242 \text{ kg}\,, & R_{d,v} &= 2890 \text{ kg}\,.
\end{aligned}
$$

Damit ergeben sich die Gesamtwiderstände:

$$
\begin{aligned}
R_a &= \sqrt{R_{a,h}^2 + R_{a,v}^2} = 7273 \text{ kg}, \\
R_b &= \quad = 11780 \text{ kg}, \\
R_c &= \quad = 24970 \text{ kg}, \\
R_d &= \quad = 3438 \text{ kg}.
\end{aligned}
$$

Es sollen nun noch die Beanspruchungen an der zweiten, offenbar höher beanspruchten Kurbel (Teilwelle b) ermittelt werden; man kann entweder mit Hilfe der Gl. (a und b) oder aus den angreifenden Kräften und den nunmehr bekannten Stützenwiderständen die Momente in den Lagern B und C der Teilwelle berechnen. Die Momente in den Mitten der Kurbelarme und des Kurbelzapfens erhält man am einfachsten auf zeichnerischem Wege, wie dies in Abb. 41 für die Momente in der lotrechten Belastungsebene gezeigt ist. Man hat nur noch den Wert für das Biegungsmoment unter der Last $P_{b,v} = 24\,700$ kg der freiaufliegend gedachten Welle mit

$$P_{b,v} \cdot \frac{b_1 \cdot b_2}{b} = 24\,700 \cdot \frac{43 \cdot 60}{103} = 618\,700 \text{ cmkg}$$

zu berechnen. Trägt man diesen Wert auf der Kraftrichtung von $P_{b,v}$, die Lagermomente $M_{b,v}$ und $M_{c,v}$ auf den Auflagerlotrechten an, so ergibt sich die schraffierte Momentenfläche, an deren Ordinaten man nun die gesuchten Momente abgreifen kann. In gleicher Weise hat man für die wagrechte Belastungsebene zu verfahren; damit erhält man folgende Zusammenstellung der Momente (unter Weglassung der Vorzeichen):

	Wagrechte Belastungsebene	Lotrechte Belastungsebene	Resultierende Biegungsmomente $M = \sqrt{M_h^2 + M_v^2}$
Mitte linkes Lager B	$M_{b,h} = 98300$	$M_{b,v} = 70100$	121000
„ linker Kurbelarm	146000	177000	
„ Kurbelzapfen	368000	402000	545000
„ rechter Kurbelarm	127000	119000	
„ rechtes Lager C	$M_{c,h} = 338500$	$M_{c,v} = 422300$	541000

Für die Berechnung der Spannungen sollen die auf der Hypothese der Bruchgefahr von Mohr beruhenden, mit den Versuchen weit besser als die alten Ansätze übereinstimmenden Formeln benützt werden; danach ist für einen kreisförmigen Querschnitt, wenn M das auf diesen Querschnitt wirkende Biegungsmoment, M_t das Drehmoment bezeichnet, das ideelle Biegungsmoment

$$M_i = \sqrt{M^2 + M_t^2}.$$

Auf die Mittelquerschnitte der beiden Lager- und des Kurbelzapfens wirken biegend die in obiger Zahlentafel angeschriebenen resultierenden Biegungsmomente; ferner drehend die Momente:

Linker Lagerzapfen: $P_{a,h} \cdot r = -3700 \cdot 30 = \quad = -111\,000$ cmkg,

Kurbelzapfen: $(R_{a,h} + R_{b,h}) \cdot r = (-2996 + 10137) \cdot 30 = 214000$ cmkg,

Rechter Lagerzapfen: $(P_{a,h} + P_{b,h}) \cdot r = (-3700 + 22600) \cdot 30 = 567000$ cmkg.

Die Anstrengung σ des Baustoffes der Welle ergibt sich mit dem äquatorialen Widerstandsmoment $W = J_z : \frac{1}{2} d$ zu

$$\sigma = \frac{M_i}{W}.$$

Da alle drei Zapfen gleichen Durchmesser haben, so ist für alle

$$W = \frac{19175}{12{,}5} = 1533 \text{ cm}^3.$$

Damit erhält man

Linker Lagerzapfen:

$$M_i = 10^3 \cdot \sqrt{121^2 + 111^2} = 164000, \qquad \sigma = \frac{164000}{1533} = 107 \text{ kg/cm}^2,$$

Kurbelzapfen:

$$M_i = 10^3 \cdot \sqrt{545^2 + 214^2} = 586000, \qquad \sigma = \frac{586000}{1533} = 382 \text{ kg/cm}^2,$$

Rechter Lagerzapfen:

$$M_i = 10^3 \cdot \sqrt{541^2 + 567^2} = 784000, \qquad \sigma = \frac{784000}{1533} = 511 \text{ kg/cm}^2.$$

Auf die Kurbelarme wirken von den oben angeschriebenen Momenten die Momente in der lotrechten Belastungsebene biegend, die Momente in der wagrechten Belastungsebene hingegen verdrehend ein; erstere erzeugen Normalspannungen, die ihren Größtwert an der langseitigen Begrenzungsfläche der rechteckigen Kurbelarmquerschnitte erreichen, während die Drehmomente Schubspannungen erzeugen, die ihre Größtwerte in der Mitte der Langseiten haben. Das ideelle Biegungsmoment hat nach dem Ansatz von Mohr für Rechteckquerschnitte den Wert

$$M_i = \sqrt{M^2 + \left(\frac{3}{2} M_t\right)^2}.$$

Zur Berechnung der größten Anstrengung in der Mitte der Langseite des Kurbelarms hat man für das Widerstandsmoment den Wert

$$W = J_{II} : \frac{1}{2} \cdot 11 = 3327{,}5 : 5{,}5 = 605 \text{ cm}^3$$

zu verwenden. Damit erhält man aus $\sigma = M_i : W$

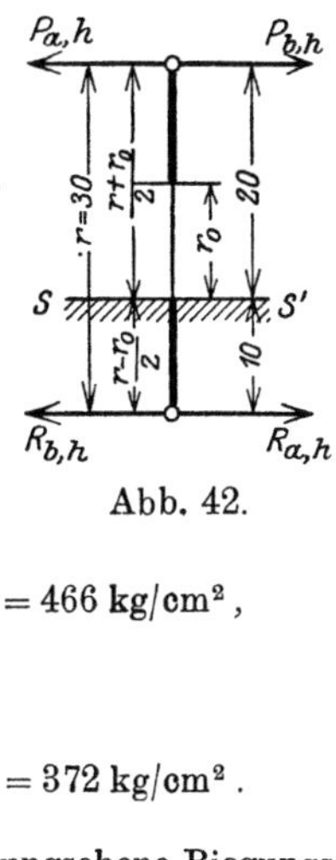

Abb. 42.

Linker Kurbelarm:

$$M_i = 10^3 \cdot \sqrt{177^2 + \left(\frac{3}{2} \cdot 146\right)^2} = 282000, \qquad \sigma = \frac{282000}{605} = 466 \text{ kg/cm}^2,$$

Rechter Kurbelarm:

$$M_i = 10^3 \cdot \sqrt{119^2 + \left(\frac{3}{2}\ 127\right)^2} = 225000, \qquad \sigma = \frac{225000}{605} = 372 \text{ kg/cm}^2.$$

Weiters werden durch die Kräfte in der wagrechten Belastungsebene Biegungsmomente erzeugt, die die Kurbelarme aus der Kröpfungsebene herauszubiegen versuchen und Biegungsnormalspannungen erzeugen, die ihre Größtwerte an den Schmalseiten der Kurbelarme erreichen. Da angenommen wurde, daß sich die Kurbelarme nur auf die Länge r_0 verbiegen können, so ergibt sich z. B.

für den Querschnitt ss' beim Wellenansatz des rechten Kurbelarms (Abb. 42) ein Biegungsmoment mit $r = 30$ cm, $r_0 = 10$ cm

$$(R_{a,h} + R_{b,h}) \cdot \frac{r - r_0}{2} + (P_{a,h} + P_{b,h}) \, \frac{r + r_0}{2}$$

$$= (-2996 + 10137) \cdot 10 + (-3700 + 22600) \cdot 20 = 449\,000 \text{ cmkg}.$$

Das maßgebende Widerstandsmoment ist

$$W = J_I : \frac{1}{2} \cdot 30 = 24\,750 : 15 = 1650 \text{ cm}^3.$$

Das obige Biegungsmoment ergibt einerseits mit dem Drehmoment von 127000 cmkg am rechten Kurbelarm ein ideelles Moment

$$M_i = 10^3 \cdot \sqrt{449^2 + \left(\frac{3}{2} \cdot 127\right)^2} = 488\,000 \text{ cmkg}$$

und damit eine Anstrengung von

$$\sigma = 488\,000 : 1650 = 296 \text{ kg/cm}^2$$

in der Mitte der Schmalseite, andrerseits eine Biegungsrandspannung

$$= 449\,000 : 1650 = 272 \text{ kg/cm}^2.$$

Da nun das Biegungsmoment von 119000 cmkg der Kräfte in der lotrechten Belastungsebene an der Langseite des Kurbelarms eine Biegungsrandspannung von $119\,000 : 605 = 197$ kg/cm² hervorruft, so treten in den Ecken des Kurbelarmquerschnittes Normalspannungen

$$272 + 197 = 469 \text{ kg/cm}^2$$

auf, die aber auch nicht nennenswert größer sind als die vorhin am linken Kurbelarm gefundene größte Anstrengung.

Die Anstrengung des Baustoffes der Welle, die bei deren reichlichen Abmessungen im vorliegenden Fall die zulässigen Werte nicht überschreitet, erreicht also ihren Größtwert mit 511 kg/cm² im Lagerzapfen des Lagers C, daher an einer ganz anderen Stelle, als man bei der häufig verwendeten Rechnungsart unter Vernachlässigung der statisch unbestimmten Lagerung vermuten würde; sieht man nämlich die Teilwelle b als freiaufliegend an, so ergibt sich im Lager C natürlich gar kein Biegungsmoment und man erhält für die Anstrengung an dieser Stelle nur eine reine Drehungsspannung von 185 kg/cm².

5. Beispiel: Berechnung der vierfach gelagerten, doppelt gekröpften Kurbelwelle einer liegenden Verbund-Dampfmaschine mit unter 90° versetzten Kurbeln.

Dieses Beispiel ist aus „Enßlin", S. 105—154 entnommen (Abb. 43). Die kleine Unstimmigkeit in den Maßen der Teilwellen a und b wurde aus der genannten Quelle (Fig. 50, S. 106) übernommen, ist aber für die Berechnung ohne Bedeutung.

a) Berechnung der Einflußzahlen.

Teilwelle a. **1. Zylindrische Wellenteile** (Abb. 44):

$a = 162$ cm,

$m_1 = 22{,}5$, $n_1 = 139{,}5$ cm,

$m_2 = 87{,}5$, $n_2 = 74{,}5$ cm,

$m_3 = p_a = 108{,}5$, $n_3 = q_a = 53{,}5$ cm,

$d_1 = 26$, $d_2 = 31$, $d_3 = d_4 = 26$ cm.

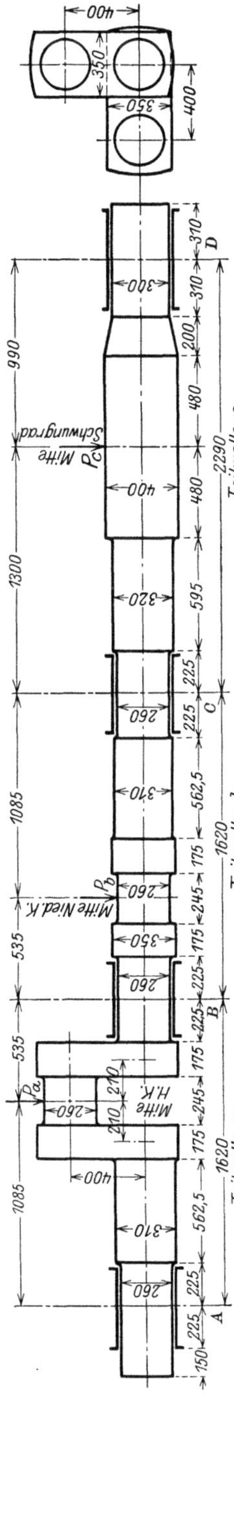

Abb. 43.

Die Berechnung der Einflußzahlen

$$\alpha_{a,1}, \; \alpha_{a,2} = \beta_{a,1}, \; \beta_{a,2}$$

erfolgt unter Anwendung der Gl. (10), (11), (12) und (18), jene der Einflußzahlen $\gamma_{a,1}$ und $\gamma_{a,2}$ nach Gl. (19), (22) und (23).

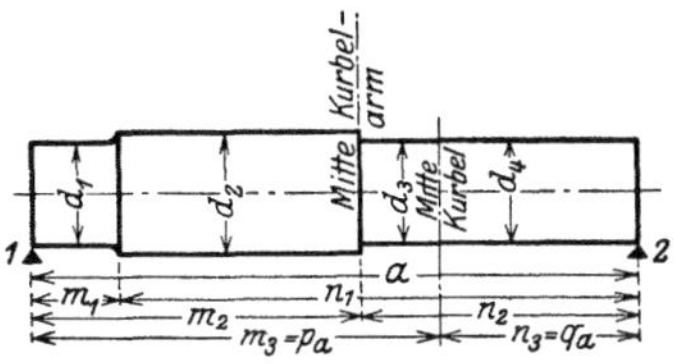

Abb. 44.

2. Einflußzahlen für die Kröpfung.

Da die Kröpfungsmitte von den Lagermitten ungleiche Abstände hat und die Ableitung des an der Teilwelle a durch die Stangenkraft erzeugten Drehmomentes nach rechts erfolgt, so stimmt die Berechnung der Einflußzahlen λ_a, μ_a und ζ_a mit jener der Teilwelle b des Beispiels 3 überein. Die freie Länge des Kurbelarmes $r = 40$ cm mußte zwecks Vergleiches mit der Enßlinschen Rechnung wie im 2. Beispiel nach Gl. (29a) mit dem Wert $\varkappa = 0{,}75$ zu

$$r_0 = r - \varkappa \cdot d = 40 - 0{,}75 \cdot 26 = 20 \text{ cm}$$

eingesetzt werden.

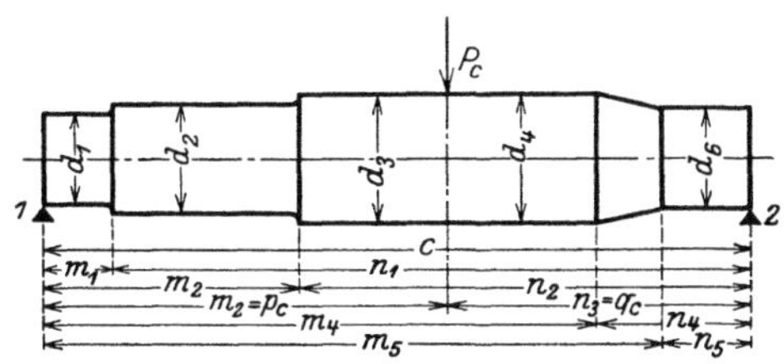

Abb. 45.

Teilwelle b. Diese Teilwelle liegt symmetrisch zur Teilwelle a bezüglich der Mittelebene durch das Lager B zwischen beiden Wellen. Die Einflußzahlen α_b, β_b, γ_b, λ_b, μ_b und ζ_b erhält man daher aus den Einflußzahlen α_a, β_a, γ_a, λ_a, μ_a, ζ_a der Teilwelle a, indem man sie entsprechend vertauscht.

Da das an der Hochdruckkurbel erzeugte Drehmoment durch die Niederdruckkurbel hindurch zum Schwungrad abgeleitet wird, so ist für ω_b nach Gl. (45) mit

$$r = 40\,, \quad r_0 = 20\,, \quad b = 162\,, \quad l_{z,0} = 12{,}25 \text{ cm}\,,$$

$$J_I = \frac{17{,}5 \cdot 35^3}{12} = 62526\,, \quad J_z = \frac{\pi \cdot 26^4}{64} = 22432 \text{ cm}^4\,,$$

$$\omega_b = \pm \frac{r}{b}\left(\frac{r_0}{J_I} + 2{,}6\,\frac{l_{z,0}}{J_z}\right) = \pm\, 1000 \cdot \frac{40}{162}\left(\frac{20}{62526} + 2{,}6\,\frac{12{,}25}{22432}\right) = \pm\, 0{,}43.$$

Teilwelle c. Die Berechnung der Einflußzahlen dieser nicht gekröpften Teilwelle soll noch einmal im einzelnen vorgeführt werden (Abb. 45).

$$c = 229 \text{ cm},$$

$$m_1 = 22{,}5\,, \quad n_1 = 206{,}5 \text{ cm},$$
$$m_2 = 82\,, \quad n_2 = 147 \text{ cm},$$
$$m_3 = p_c = 130\,, \quad n_3 = q_c = 99 \text{ cm},$$
$$m_4 = 178\,, \quad n_4 = 51 \text{ cm},$$
$$m_5 = 198\,, \quad n_5 = 31 \text{ cm},$$
$$d_1 = 26\,, \quad d_2 = 32\,, \quad d_3 = d_4 = 40\,, \quad d_6 = 30 \text{ cm}.$$

Es ist nach Gl. (10) für die zylindrischen Teile und nach Gl. (14) für den konischen Teil:

$$f_1 = 20{,}4 \cdot \frac{c - n_1}{d_1^4} = 20400 \cdot \frac{229 - 206{,}5}{26^4} = 1{,}005$$

$$f_2 = 20{,}4 \cdot \frac{n_1 - n_2}{d_2^4} = 20400 \cdot \frac{206{,}5 - 147}{32^4} = 1{,}157$$

$$f_3 = 20{,}4 \cdot \frac{n_2 - n_3}{d_3^4} = 20400 \cdot \frac{147 - 99}{40^4} = 0{,}382$$

$$f_4 = 20{,}4 \cdot \frac{n_3 - n_4}{d_4^4} = 20400 \cdot \frac{99 - 51}{40^4} = 0{,}382$$

$$f_5 = 20{,}4 \cdot \frac{n_4 - n_5}{3} \cdot \frac{d_4^2 + d_4 d_6 + d_6^2}{d_4^3 \cdot d_6^3} = 20400 \cdot \frac{51 - 31}{3} \cdot \frac{40^2 + 40 \cdot 30 + 30^2}{40^3 \cdot 30^3} = 0{,}291$$

$$f_6 = 20{,}4 \cdot \frac{n_5}{d_6^4} = 20400 \cdot \frac{31}{30^4} = 0{,}781$$

$$\sum_0^c f = 3{,}998$$

$$\sum_0^{p_c} f = f_1 + f_2 + f_3 = 2{,}544$$

Ferner nach Gl. (11) bzw. (15)

$$f_{\alpha,1} = \frac{10{,}2}{c} \cdot \frac{c^2 - n_1^2}{d_1^4} = \frac{10200}{229} \cdot \frac{229^2 - 206{,}5^2}{26^4} = 0{,}956$$

$$f_{\alpha,2} = \frac{10{,}2}{c} \cdot \frac{n_1^2 - n_2^2}{d_2^4} = \frac{10200}{229} \cdot \frac{206{,}5^2 - 147^2}{32^4} = 0{,}893$$

$$f_{\alpha,3} = \frac{10{,}2}{c} \cdot \frac{n_2^2 - n_3^2}{d_3^4} = \frac{10200}{229} \cdot \frac{147^2 - 99^2}{40^4} = 0{,}205$$

$$f_{\alpha,4} = \frac{10{,}2}{c} \cdot \frac{n_3^2 - n_4^2}{d_4^4} = \frac{10200}{229} \cdot \frac{99^2 - 51^2}{40^4} = 0{,}125$$

$$f_{\alpha,5} = \frac{10{,}2}{c} \cdot \frac{n_4 - n_5}{3} \cdot \left[\frac{n_4}{d_4^3 \cdot d_6}\left(2 + \frac{d_4}{d_6}\right) + \frac{n_5}{d_4 \cdot d_6^3}\left(2 + \frac{d_6}{d_4}\right)\right]$$
$$= \frac{10200}{229} \cdot \frac{51 - 31}{3}\left[\frac{51}{40^3 \cdot 30}\left(1 + \frac{40}{30}\right) + \frac{31}{40 \cdot 30^3}\left(1 + \frac{30}{40}\right)\right] = 0{,}050$$

$$f_{\alpha,6} = \frac{10{,}2}{c} \cdot \frac{n_5^2}{d_6^4} = \frac{10200}{229} \cdot \frac{31^2}{30^4} = 0{,}053$$

$$\sum_0^c f_\alpha = 2{,}282$$

$$\sum_0^{p_c} f_\alpha = f_{\alpha,1} + f_{\alpha,2} + f_{\alpha,3} = 2{,}054$$

Endlich nach Gl. (12) bzw. (16)

$$\mathfrak{M}_{\alpha,1} = \frac{6{,}8}{c} \cdot \frac{c^3 - n_1^3}{d_1^4} = \qquad = \frac{6800}{229} \cdot \frac{229^3 - 206{,}5^3}{26^4} = 207{,}8$$

$$\mathfrak{M}_{\alpha,2} = \frac{6{,}8}{c} \cdot \frac{n_1^3 - n_2^3}{d_2^4} = \qquad = \frac{6800}{229} \cdot \frac{206{,}5^3 - 147^3}{32^4} = 161{,}2$$

$$\mathfrak{M}_{\alpha,3} = \frac{6{,}8}{c} \cdot \frac{n_2^3 - n_3^3}{d_3^4} = \qquad = \frac{6800}{229} \cdot \frac{147^3 - 99^3}{40^4} = 24{,}8$$

$$\mathfrak{M}_{\alpha,4} = \frac{6{,}8}{c} \cdot \frac{n_3^3 - n_4^3}{d_4^4} = \qquad = \frac{6800}{229} \cdot \frac{99^3 - 51^3}{40^4} = 9{,}7$$

$$\mathfrak{M}_{\alpha,5} = \frac{6{,}8}{c} \cdot (n_4 - n_5)\left(\frac{n_4^2}{d_4^3\, d_6} + \frac{n_4\, n_5}{d_4^2 \cdot d_6^2} + \frac{n_5^2}{d_4 \cdot d_6^3}\right)$$

$$= \frac{6800}{229}(51 - 31)\left(\frac{51^2}{40^3 \cdot 30} + \frac{51 \cdot 31}{40^2 \cdot 30^2} + \frac{31^2}{40 \cdot 30^3}\right) = 2{,}0$$

$$\mathfrak{M}_{\alpha,6} = \frac{6{,}8}{c} \cdot \frac{n_5^3}{d_6^4} = \qquad = \frac{6800}{229} \cdot \frac{31^3}{30^4} = 1{,}1$$

$$\sum_0^c \mathfrak{M}_\alpha = 406{,}6$$

$$\sum_0^{p_c} \mathfrak{M}_\alpha = \mathfrak{M}_{\alpha,1} + \mathfrak{M}_{\alpha,2} + \mathfrak{M}_{\alpha,3} = 393{,}8$$

Nun ist nach Gl. (18)

$$\boldsymbol{\alpha_{c,1}} = \frac{1}{c} \cdot \sum_0^c \mathfrak{M}_\alpha = \frac{406{,}6}{229} = \mathbf{1{,}776}\,,$$

$$\boldsymbol{\alpha_{c,2}} = \boldsymbol{\beta_{c,1}} = \sum_0^c f_\alpha - \alpha_{c,1} = 2{,}282 - 1{,}776 = \mathbf{0{,}506}\,,$$

$$\sum_0^c f_\beta = \sum_0^c f - \sum_0^c f_\alpha = 3{,}998 - 2{,}282 = 1{,}716\,,$$

$$\boldsymbol{\beta_{c,2}} = \sum_0^c f_\beta - \beta_{c,1} = 1{,}716 - 0{,}506 = \mathbf{1{,}210}\,.$$

Ferner nach Gl. (19)

$$\sum_0^{p_c} f_\beta = \sum_0^{p_c} f - \sum_0^{p_c} f_\alpha = 2{,}544 - 2{,}054 = 0{,}490$$

und mit

$$p_c = 130\,, \qquad q_c = 99 \text{ cm}$$

nach Gl. (22)

$$\boldsymbol{\gamma_{c,1}} = p_c \cdot \alpha_{c,1} + q_c \cdot \sum_0^{p_c} f_\alpha - \sum_0^{p_c} \mathfrak{M}_\alpha = 130 \cdot 1{,}776 + 99 \cdot 2{,}054 - 393{,}8 = \mathbf{40{,}4}$$

nach Gl. (23)

$$\boldsymbol{\gamma_{c,2}} = p_c \cdot \alpha_{c,2} + q_c \cdot \sum_0^{p_c} f_\beta - c \sum_0^{p_c} f_\alpha + \sum_0^{p_c} \mathfrak{M}_\alpha = 130 \cdot 0{,}506 + 99 \cdot 0{,}490 - 229 \cdot 2{,}054$$
$$+ 393{,}8 = \mathbf{37{,}7}\,.$$

Zusammenstellung der Einflußzahlen.

Teilwelle	Zylindr. Wellenteile	in der Kröpfungsebene	senkrecht zur Kröpfungsebene
	$\alpha_{a,1} = 1{,}752$	$\lambda'_{a,1} = 0{,}322$	$\lambda''_{a,1} = 0{,}411$
	$\alpha_{a,2} = \beta_{a,1} = 0{,}895$	$\lambda'_{a,2} = \mu'_{a,1} = 0{,}523$	$\lambda''_{a,2} = \mu''_{a,1} = 0{,}413$
a	$\beta_{a,2} = 2{,}223$	$\mu'_{a,2} = 1{,}192$	$\mu''_{a,2} = 1{,}259$
	$\gamma_{a,1} = 41{,}0$	$\zeta'_{a,1} = 19{,}6$	$\zeta''_{a,1} = 13{,}26$
	$\gamma_{a,2} = 61{,}8$	$\zeta'_{a,2} = 39{,}6$	$\zeta''_{a,2} = 44{,}45$
	$\alpha_{b,1} = 2{,}223$	$\lambda'_{b,1} = 1{,}192$	$\lambda''_{b,1} = 1{,}259$
	$\alpha_{b,2} = \beta_{b,1} = 0{,}895$	$\lambda'_{b,2} = \mu'_{b,1} = 0{,}523$	$\lambda''_{b,2} = \mu''_{b,1} = 0{,}413$
b	$\beta_{b,2} = 1{,}752$	$\mu'_{b,2} = 0{,}322$	$\mu''_{a,2} = 0{,}411$
	$\gamma_{b,1} = 61{,}8$	$\zeta'_{b,1} = 39{,}6$	$\zeta''_{b,1} = 44{,}45$
	$\gamma_{b,2} = 41{,}0$	$\zeta'_{b,2} = 19{,}6$	$\zeta''_{b,2} = 13{,}26$
			$\omega_b = \pm\, 0{,}43$
	$\alpha_{c,1} = 1{,}776$		
	$\alpha_{c,2} = \beta_{c,1} = 0{,}506$		
c	$\beta_{c,2} = 1{,}210$		
	$\gamma_{c,1} = 40{,}4$		
	$\gamma_{c,2} = 37{,}7$		

b) Berechnung der Lagermomente.

Für die Berechnung der Lagermomente und der Stützenwiderstände soll die Hochdruckkurbel (Teilwelle a) in der lotrechten Belastungsebene festgehalten werden; die Niederdruckkurbel (Teilwelle b) kommt dann in die wagrechte Belastungsebene zu stehen (Abb. 46). Das von der Hochdruckkurbel durch die Niederdruckkurbel gehende Drehmoment $M_{t,b}$ liefert Stützenwiderstände, die senkrecht zur Ebene der Niederdruckkurbel gerichtet sind, also in die lotrechte Belastungsebene fallen; die bezüglichen Glieder treten daher hier in den Gleichungen für die Momente $M_{b,v}$ und $M_{c,v}$ in dieser Ebene auf. Ferner sind in diesen Gleichungen für alle Einflußzahlen, die sich auf die senkrecht zur lotrechten Belastungsebene stehende Kröpfung der Teilwelle b (Niederdruckkurbel) beziehen, die doppelt gestrichelten Werte μ_b'', λ_b'' ... usw. einzuführen. Umgekehrt treten dann in den Gleichungen für die Momente $M_{b,h}$ und $M_{c,h}$ die Werte μ_b', λ_b' ... auf.

Da die Stellung der Niederdruckkurbel b mit der in Abb. 28c dargestellten Lage übereinstimmt, so ist $\omega_{b,1}$ mit positivem, $\omega_{b,2}$ mit negativem Vorzeichen einzusetzen. Damit ergeben sich nach Gl. (49) für die Bestimmung der Lagermomente folgende Gleichungen:

1. Momente in der wagrechten Belastungsebene.

$$P_{a,h}(\gamma_{a,2}+\zeta''_{a,2})+P_{b,h}(\gamma_{b,1}+\zeta'_{b,1})=M_{b,h}(\beta_{a,2}+\mu''_{a,2}+\alpha_{b,1}+\lambda'_{b,1})$$
$$+M_{c,h}(\beta_{b,1}+\mu'_{b,1}),$$
$$P_{b,h}(\gamma_{b,2}+\zeta'_{b,2})+P_{c,h}\cdot\gamma_{c,1}=M_{b,h}(\alpha_{b,2}+\lambda'_{b,2})$$
$$+M_{c,h}(\beta_{b,2}+\mu'_{b,2}+\alpha_{c,1}).$$

Nach Einführung der obigen Einflußzahlen erhält man

$$106{,}3\,P_{a,h}+101{,}4\,P_{b,h}=6{,}897\,M_{b,h}+1{,}418\,M_{c,h},$$
$$70{,}6\,P_{b,h}+\;40{,}4\,P_{c,h}=1{,}418\,M_{b,h}+3{,}85\;\;M_{c,h}$$

und nach Auflösung dieser Gleichungen

$$M_{b,h}=\;\;16{,}67\,P_{a,h}+11{,}82\,P_{b,h}-\;2{,}33\,P_{c,h},$$
$$M_{c,h}=-\;6{,}14\,P_{a,h}+13{,}98\,P_{b,h}+11{,}36\,P_{c,h}.$$

2. Momente in der lotrechten Belastungsebene.

$$P_{a,v}(\gamma_{a,2}+\zeta'_{a,2})+P_{b,v}(\gamma_{b,1}+\zeta''_{b,1})+\omega_{b,1}\cdot M_{t,b}$$
$$=M_{b,v}(\beta_{a,2}+\mu'_{a,2}+\alpha_{b,1}+\lambda''_{b,1})+M_{c,v}(\beta_{b,1}+\mu''_{b,1}),$$
$$P_{b,v}(\gamma_{b,2}+\zeta''_{b,2})+P_{c,v}\cdot\gamma_{c,1}-\omega_{b,2}\cdot M_{t,b}$$
$$=M_{b,v}(\alpha_{b,2}+\lambda''_{b,2})+M_{c,v}(\beta_{b,2}+\mu''_{b,2}+\alpha_{c,1}),$$

$$101{,}4\,P_{a,v}+106{,}3\,P_{b,v}+0{,}43\,M_{t,b}=6{,}897\,M_{b,v}+1{,}308\,M_{c,v}$$
$$54{,}3\,P_{b,v}+\;40{,}4\,P_{c,v}-0{,}43\,M_{t,b}=1{,}308\,M_{b,v}+3{,}939\,M_{c,v}$$
$$M_{b,v}=15{,}68\,P_{a,v}+13{,}65\,P_{b,v}-\;2{,}08\,P_{c,v}+0{,}0887\,M_{t,b}$$
$$M_{c,v}=-\,5{,}21\,P_{a,v}+\;9{,}24\,P_{b,v}+10{,}94\,P_{c,v}-0{,}1387\,M_{t,b}$$

c) Berechnung der Stützenwiderstände.

In die allgemeinen Gl. 50 ($a=b=162$, $p_a=108{,}5=q_b$, $q_a=53{,}5=p_b$, $c=229$, $p_c=130$, $q_c=99$ cm)

$$R_a=\frac{53{,}5}{162}P_a-\frac{M_b}{162}$$
$$R_b=\frac{108{,}5}{162}P_a+\frac{108{,}5}{162}P_b+\frac{2\cdot 162}{162^2}\cdot M_b-\frac{M_c}{162}$$
$$R_c=\frac{53{,}5}{162}P_b+\frac{99}{229}P_c-\frac{M_b}{162}+\frac{162+229}{162\cdot 229}\cdot M_c$$
$$R_d=\frac{130}{229}P_c-\frac{M_c}{229}$$

sind für die Bestimmung der Stützenwiderstände $R_{a,h}$, $R_{b,h}\ldots$ in der wagrechten Belastungsebene die Werte $P_{a,h}$, $P_{b,h}$, $P_{c,h}$ und $M_{b,h}$, $M_{c,h}$, für die Stützenwiderstände $R_{a,v}$, $R_{b,v}\ldots$ in der lotrechten Belastungsebene die Werte $P_{a,v}$, $P_{b,v}$, $P_{c,v}$ und $M_{b,v}$, $M_{c,v}$ einzuführen. Damit erhält man

$$R_{a,h}=\;\;0{,}227\,P_{a,h}-0{,}073\,P_{b,h}+0{,}014\,P_{c,h},$$
$$R_{b,h}=\;\;0{,}914\,P_{a,h}+0{,}730\,P_{b,h}-0{,}099\,P_{c,h},$$
$$R_{c,h}=-\,0{,}168\,P_{a,h}+0{,}404\,P_{b,h}+0{,}566\,P_{c,h},$$
$$R_{d,h}=\;\;0{,}027\,P_{a,h}-0{,}061\,P_{b,h}+0{,}519\,P_{c,h},$$
$$R_{a,v}=\;\;0{,}233\,P_{a,v}-0{,}084\,P_{b,v}+0{,}013\,P_{c,v}-0{,}000\,547\,M_{t,b},$$
$$R_{b,v}=\;\;0{,}896\,P_{a,v}+0{,}781\,P_{b,v}-0{,}093\,P_{c,v}+0{,}001\,951\,M_{t,b},$$
$$R_{c,v}=-\,0{,}152\,P_{a,v}+0{,}343\,P_{b,v}+0{,}560\,P_{c,v}-0{,}002\,009\,M_{t,b},$$
$$R_{d,v}=\;\;0{,}023\,P_{a,v}-0{,}040\,P_{b,v}+0{,}520\,P_{c,v}+0{,}000\,605\,M_{t,b}.$$

Die Stützenwiderstände lassen sich nun für jede Kurbelstellung berechnen. Nach Enßlin tritt die ungünstigste Beanspruchung der Welle für jene Kurbelstellung ein, bei der die Hochdruckkurbel die hintere Totpunktlage der Maschine um 40° überschritten hat. Für diese Stellung hat Enßlin folgende Seitenkräfte der Schubstangenkräfte P_a und P_b und des Schwungradgewichtes P_c ermittelt (Abb. 46).

$$P_{a,h} = 11600\,\text{kg}, \quad P_{b,h} = -5500\,\text{kg}, \quad P_{c,h} = -19900\,\text{kg},$$
$$P_{a,v} = 10900\,\text{kg}, \quad P_{b,v} = -9400\,\text{kg}, \quad P_{c,v} = 16700\,\text{kg}.$$

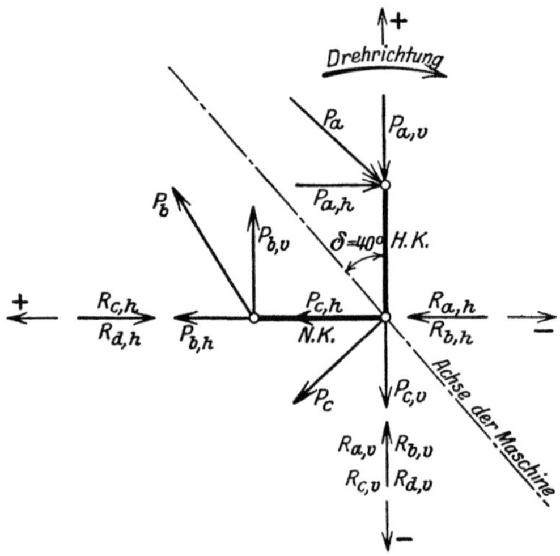

Abb. 46.

Das Drehmoment an der Hochdruckkurbel a, das durch die Niederdruckkurbel b hindurchgeht, ergibt sich zu $M_{t,b} = P_{a,h} \cdot r = 11600 \cdot 40 = 464000$ cmkg mit +-Drehsinn. Mit diesen Werten erhält man

$$R_{a,h} = 2755\,\text{kg}, \quad R_{a,v} = 3293\,\text{kg},$$
$$R_{b,h} = 8558\,\text{kg}, \quad R_{b,v} = 1777\,\text{kg},$$
$$R_{c,h} = -15431\,\text{kg}, \quad R_{c,v} = 3540\,\text{kg},$$
$$R_{d,h} = -9682\,\text{kg}, \quad R_{d,v} = 9590\,\text{kg}.$$

Damit ergeben sich die resultierenden Stützenwiderstände[1])

$$R_a = \sqrt{R_{a,h}^2 + R_{a,v}^2} = 4290\,\text{kg},$$
$$R_b = \quad = 8740\,\text{kg},$$
$$R_c = \quad = 15830\,\text{kg},$$
$$R_d = \quad = 13630\,\text{kg}.$$

---

[1]) Enßlin findet auf Grund seiner sehr umständlichen Rechnung folgende Werte, die von den nach der obigen Rechnung gefundenen um die eingeklammerten Hundertteile abweichen:

$$R_a = 4220\,\text{kg} \ (-1{,}6\%),$$
$$R_b = 8624\,\text{kg} \ (-1{,}3\%),$$
$$R_c = 15535\,\text{kg} \ (-1{,}9\%),$$
$$R_d = 13720\,\text{kg} \ (+0{,}7\%).$$

b) Kurbeln unter beliebigem Winkel.

Die Kurbel der Teilwelle a stehe unter dem Winkel ϱ_a gegen die wagrechte Belastungsebene, wobei der Winkel von der wagrechten, positiven, nach links weisenden Achse gezählt wird (Abb. 47). Die an der Kurbel angreifende Stangenkraft P_a ist in ihre zu den Be-

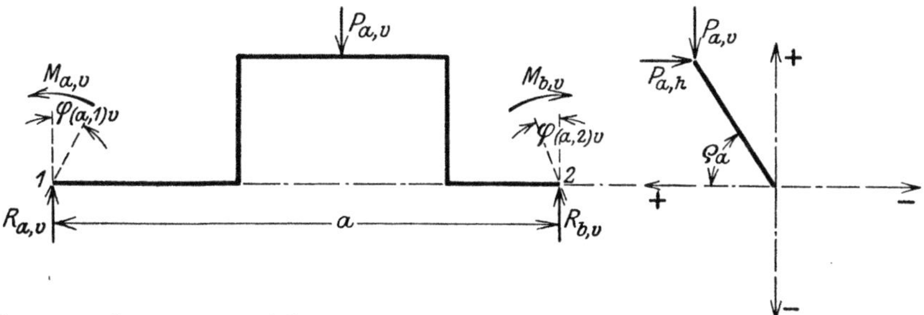

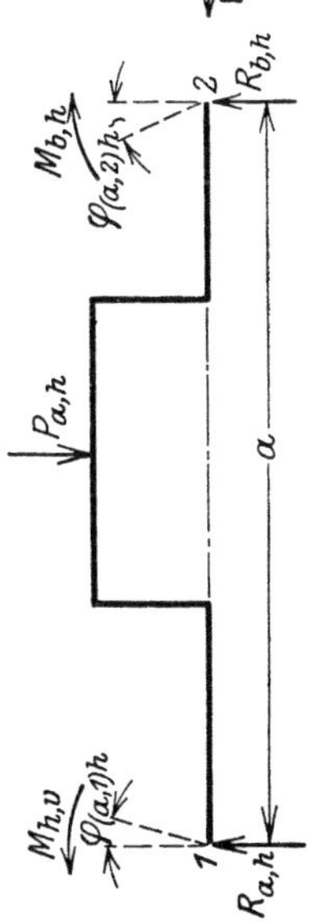

Abb. 47.

lastungsebenen parallelen Seitenkräfte $P_{a,h}$ und $P_{a,v}$ zerlegt. Ebenso sind auch die Lagermomente M_a und M_b in je zwei Seitenmomente $M_{a,h}$, $M_{a,v}$ und $M_{b,h}$, $M_{b,v}$ zerlegt, deren Wirkungsebenen mit der wagrechten (Zeiger h) bzw. lotrechten Belastungsebene (Zeiger v) zusammenfallen.

Infolge der Verformung der Welle a werden deren Endquerschnitte über den Lagern eine Lagenänderung erfahren und mit den ursprünglichen Lagen die Neigungswinkel $\varphi_{a,1}$ am linken Lager 1 und $\varphi_{a,2}$ am rechten Lager 2 einschließen. Die Winkel der neuen Lagen der Endquerschnitte gegen die Belastungsebenen sollen mit $\varphi_{(a,1)h}$, $\varphi_{(a,1)v}$ und $\varphi_{(a,2)h}$, $\varphi_{(a,2)v}$ bezeichnet werden.

Denkt man sich nur Kräfte und Momente in der Ebene der Kröpfung wirkend, so werden die Endquerschnitte gewisse Neigungen $\varphi'_{a,1}$ und $\varphi'_{a,2}$ erfahren, wobei ihre Ebenen zur Kröpfungsebene senkrecht bleiben. Wirken dagegen nur Kräfte und Momente senkrecht zur Kröpfungsebene, so werden die Endquerschnitte mit der Normalen zur Kröpfungsebene in den Lagern die Winkel $\varphi''_{a,1}$ und $\varphi''_{a,2}$ einschließen. Zwischen diesen Winkeln und den Winkeln gegen die Belastungsebenen besteht z. B. für das rechte Lager 2 die einfache Beziehung

$$\begin{aligned} \varphi_{(a,2)h} &= \varphi'_{a,2} \cdot \cos \varrho_a + \varphi''_{a,2} \cdot \sin \varrho_a \\ \varphi_{(a,2)v} &= \varphi'_{a,2} \cdot \sin \varrho_a - \varphi''_{a,2} \cdot \cos \varrho_a \end{aligned} \qquad (53)$$

Die Winkel $\varphi'_{a,2}$ und $\varphi''_{a,2}$ lassen sich nun unter Beachtung der Gl. (4) mit Hilfe der Einflußzahlen leicht angeben. Die Stangenkraft P_a liefert eine in die Kröpfungsebene fallende Seitenkraft, die, in den Seitenkräften $P_{a,h}$ und $P_{a,v}$ ausgedrückt, den Wert $(P_{a,h}\cdot\cos\varrho_a + P_{a,v}\cdot\sin\varrho_a)$ hat; ferner ergibt sich, herrührend vom Lagermoment M_a, ein Moment $(M_{a,h}\cdot\cos\varrho_a + M_{a,v}\cdot\sin\varrho_a)$ und vom Lagermoment M_b ein Moment $(M_{b,h}\cdot\cos\varrho_a + M_{b,v}\cdot\sin\varrho_a)$ in der Kröpfungsebene. Damit erhält man den Winkel

$$
\begin{aligned}
E\cdot\varphi'_{a,2} = {} & (P_{a,h}\cdot\cos\varrho_a + P_{a,v}\cdot\sin\varrho_a)(\gamma_{a,2}+\zeta'_{a,2})\\
& -(M_{a,h}\cdot\cos\varrho_a + M_{a,v}\cdot\sin\varrho_a)(\alpha_{a,2}+\lambda'_{a,2})\\
& -(M_{b,h}\cdot\cos\varrho_a + M_{b,v}\cdot\sin\varrho_a)(\beta_{a,2}+\mu'_{a,2}).
\end{aligned}
$$

In der Richtung **senkrecht** zur Kröpfungsebene wirkt die Kraft $(P_{a,h}\cdot\sin\varrho_a - P_{a,v}\cdot\cos\varrho_a)$, herrührend von der Stangenkraft P_a und die Momente $(M_{a,h}\cdot\sin\varrho_a - M_{a,v}\cdot\cos\varrho_a)$ und $(M_{b,h}\cdot\sin\varrho_a - M_{b,v}\cdot\cos\varrho_a)$, herrührend von den Lagermomenten M_a und M_b. Geht dann noch durch die Teilwelle a ein Drehmoment $M_{t,a}$ nach rechts durch, dann kommt noch der Wert $\omega_{a,2}\cdot M_{t,a}$ hinzu, so daß sich für den Winkel $\varphi''_{a,2}$ der Wert ergibt:

$$
\begin{aligned}
E\cdot\varphi''_{a,2} = {} & (P_{a,h}\cdot\sin\varrho_a - P_{a,v}\cdot\cos\varrho_a)\cdot(\gamma_{a,2}+\zeta''_{a,2}) + \omega_{a,2}\cdot M_{t,a} -\\
& -(M_{a,h}\cdot\sin\varrho_a - M_{a,v}\cdot\cos\varrho_a)\cdot(\alpha_{a,2}+\lambda''_{a,2}) -\\
& -(M_{b,h}\cdot\sin\varrho_a - M_{b,v}\cdot\cos\varrho_a)(\beta_{a,2}+\mu''_{a,2}).
\end{aligned}
$$

Führt man diese Werte in die Gl. (53) ein, so erhält man

$$
\begin{aligned}
E\cdot\varphi_{(a,2)h} = {} & P_{a,h}(\gamma_{a,2}+\zeta'_{a,2}\cdot\cos^2\varrho_a+\zeta''_{a,2}\cdot\sin^2\varrho_a) +\\
& + P_{a,v}\cdot\sin\varrho_a\cdot\cos\varrho_a(\zeta'_{a,2}-\zeta''_{a,2}) + \omega_{a,2}\cdot\sin\varrho_a\cdot M_{t,a} -\\
& - M_{a,h}(\alpha_{a,2}+\lambda'_{a,2}\cdot\cos^2\varrho_a+\lambda''_{a,2}\cdot\sin^2\varrho_a) -\\
& - M_{a,v}\cdot\sin\varrho_a\cdot\cos\varrho_a(\lambda'_{a,2}-\lambda''_{a,2}) -\\
& - M_{b,h}(\beta_{a,2}+\mu'_{a,2}\cdot\cos^2\varrho_a+\mu''_{a,2}\cdot\sin^2\varrho_a) -\\
& - M_{b,v}\cdot\sin\varrho_a\cdot\cos\varrho_a(\mu'_{a,2}-\mu''_{a,2}),
\end{aligned}
$$

$$
\begin{aligned}
E\cdot\varphi_{(a,2)v} = {} & P_{a,h}\cdot\sin\varrho_a\cdot\cos\varrho_a(\zeta'_{a,2}-\zeta''_{a,2}) +\\
& + P_{a,v}(\gamma_{a,2}+\zeta'_{a,2}\cdot\sin^2\varrho_a+\zeta''_{a,2}\cdot\cos^2\varrho_a) -\\
& - \omega_{a,2}\cdot\cos\varrho_a\cdot M_{t,a} -\\
& - M_{a,h}\cdot\sin\varrho_a\cdot\cos\varrho_a(\lambda'_{a,2}-\lambda''_{a,2}) -\\
& - M_{a,v}(\alpha_{a,2}+\lambda'_{a,2}\cdot\sin^2\varrho_a+\lambda''_{a,2}\cdot\cos^2\varrho_a) -\\
& - M_{b,h}\cdot\sin\varrho_a\cdot\cos\varrho_a(\mu'_{a,2}-\mu''_{a,2}) -\\
& - M_{b,v}(\beta_{a,2}+\mu'_{a,2}\cdot\cos^2\varrho_a+\mu''_{a,2}\cdot\sin^2\varrho_a).
\end{aligned}
$$

Zur Vereinfachung sollen folgende Bezeichnungen der Einflußwerte eingeführt werden.

$$
\left.\begin{aligned}
\gamma_{(a,2)h} &= \gamma_{a,2} + \zeta'_{a,2}\cdot\cos^2\varrho_a + \zeta''_{a,2}\cdot\sin^2\varrho_a \\
\zeta_{a,2} &= (\zeta'_{a,2} - \zeta''_{a,2})\cdot\sin\varrho_a\cdot\cos\varrho_a \\
\gamma_{(a,2)v} &= \gamma_{a,2} + \zeta'_{a,2}\cdot\sin^2\varrho_a + \zeta''_{a,2}\cdot\cos^2\varrho_a \\
\alpha_{(a,2)h} &= \alpha_{a,2} + \lambda'_{a,2}\cdot\cos^2\varrho_a + \lambda''_{a,2}\cdot\sin^2\varrho_a \\
\lambda_{a,2} &= (\lambda'_{a,2} - \lambda''_{a,2})\cdot\sin\varrho_a\cdot\cos\varrho_a \\
\alpha_{(a,2)v} &= \alpha_{a,2} + \lambda'_{a,2}\cdot\sin^2\varrho_a + \lambda''_{a,2}\cdot\cos^2\varrho_a \\
\beta_{(a,2)h} &= \beta_{a,2} + \mu'_{a,2}\cdot\cos^2\varrho_a + \mu''_{a,2}\cdot\sin^2\varrho_a \\
\mu_{a,2} &= (\mu'_{a,2} - \mu''_{a,2})\cdot\sin\varrho_a\cdot\cos\varrho_a \\
\beta_{(a,2)v} &= \beta_{a,2} + \mu'_{a,2}\cdot\sin^2\varrho_a + \mu''_{a,2}\cdot\cos^2\varrho_a \\
\omega_{(a,2)h} &= \omega_{a,2}\cdot\sin\varrho_a\,, \qquad \omega_{(a,2)v} = \omega_{a,2}\cdot\cos\varrho_a
\end{aligned}\right\} \qquad (54)
$$

Mit diesen Werten erhält man

$$
\left.\begin{aligned}
E\cdot\varphi_{(a,2)h} = {} & P_{a,h}\cdot\gamma_{(a,2)h} + P_{a,v}\cdot\zeta_{a,2} + M_{t,a}\cdot\omega_{(a,2)h} - \\
& - M_{a,h}\cdot\alpha_{(a,2)h} - M_{a,v}\cdot\lambda_{a,2} - M_{b,h}\cdot\beta_{(a,2)h} - M_{b,v}\cdot\mu_{a,2} \\
E\cdot\varphi_{(a,2)v} = {} & P_{a,h}\cdot\zeta_{a,2} + P_{a,v}\cdot\gamma_{(a,2)v} - M_{t,a}\cdot\omega_{(a,2)v} - \\
& - M_{a,h}\cdot\lambda_{a,2} - M_{a,v}\cdot\alpha_{(a,2)v} - M_{b,h}\cdot\mu_{a,2} - M_{b,v}\cdot\beta_{(a,2)v}
\end{aligned}\right\} \qquad (55)
$$

Schließt die der Teilwelle a rechts benachbarte Welle b mit der wagrechten Belastungsebene den Winkel ϱ_b ein, so erhält man die Einflußzahlen dieser Welle für das linke (1) und rechte (2) Lager, wenn man in die Gl. (54) überall für den Zeiger $(a, 2)$ die Zeiger $(b, 1)$ bzw. $(b, 2)$ und für den Winkel ϱ_a den Winkel ϱ_b einsetzt.

Linkes Lager 1

$$
\left.\begin{aligned}
\gamma_{(b,1)h} &= \gamma_{b,1} + \zeta'_{b,1}\cdot\cos^2\varrho_b + \zeta''_{b,1}\cdot\sin^2\varrho_b \\
\zeta_{b,1} &= (\zeta'_{b,1} - \zeta''_{b,1})\cdot\sin\varrho_b\cdot\cos\varrho_b \\
\gamma_{(b,1)v} &= \gamma_{b,1} + \zeta'_{b,1}\cdot\sin^2\varrho_b + \zeta''_{b,1}\cdot\cos^2\varrho_b \\
\alpha_{(b,1)h} &= \alpha_{b,1} + \lambda'_{b,1}\cdot\cos^2\varrho_b + \lambda''_{b,1}\cdot\sin^2\varrho_b \\
\lambda_{b\,1} &= (\lambda'_{b,1} - \lambda''_{b,1})\cdot\sin\varrho_b\cdot\cos\varrho_b \\
\alpha_{(b,1)v} &= \alpha_{b,1} + \lambda'_{b,1}\cdot\sin^2\varrho_b + \lambda''_{b,1}\cdot\cos^2\varrho_b \\
\beta_{(b,1)h} &= \beta_{b,1} + \mu'_{b,1}\cdot\cos^2\varrho_b + \mu''_{b,1}\cdot\sin^2\varrho_b \\
\mu_{b,1} &= (\mu'_{b,1} - \mu''_{b,1})\cdot\sin\varrho_b\cdot\cos\varrho_b \\
\beta_{(b,1)v} &= \beta_{b,1} + \mu'_{b,1}\cdot\sin^2\varrho_b + \mu''_{b,1}\cdot\cos^2\varrho_b\,.
\end{aligned}\right\} \qquad (56\,\mathrm{a})
$$

Rechtes Lager 2

$$\left.\begin{aligned}
\gamma_{(b,2)h} &= \gamma_{b,2} + \zeta'_{b,2}\cdot\cos^2\varrho_b + \zeta''_{b,2}\cdot\sin^2\varrho_b\\
\zeta_{b,2} &= (\zeta'_{b,2} - \zeta''_{b,2})\cdot\sin\varrho_b\cdot\cos\varrho_b\\
\gamma_{(b,2)v} &= \gamma_{b,2} + \zeta'_{b,2}\cdot\sin^2\varrho_b + \zeta''_{b,2}\cdot\cos^2\varrho_b\\
\alpha_{(b,2)h} &= \alpha_{b,2} + \lambda'_{b,2}\cdot\cos^2\varrho_b + \lambda''_{b,2}\cdot\sin^2\varrho_b\\
\lambda_{b,2} &= (\lambda'_{b,2} - \lambda''_{b,2})\cdot\sin\varrho_b\cdot\cos\varrho_b\\
\alpha_{(b,2)v} &= \alpha_{b,2} + \lambda'_{b,2}\cdot\sin^2\varrho_b + \lambda''_{b,2}\cdot\cos^2\varrho_b\\
\beta_{(b,2)h} &= \beta_{b,2} + \mu'_{b,2}\cdot\cos^2\varrho_b + \mu''_{b,2}\cdot\sin^2\varrho_b\\
\mu_{b,2} &= (\mu'_{b,2} - \mu''_{b,2})\cdot\sin\varrho_b\cdot\cos\varrho_b\\
\beta_{(b,2)v} &= \beta_{b,2} + \mu'_{b,2}\cdot\sin^2\varrho_b + \mu''_{b,2}\cdot\cos^2\varrho_b
\end{aligned}\right\} \qquad (56\,b)$$

Wird durch die Kurbel b das Drehmoment $M_{t,b}$ hindurch nach rechts durchgeleitet, so kommen noch folgende Einflußzahlen hinzu:

$$\begin{aligned}
\omega_{(b,1)h} &= \omega_{b,1}\cdot\sin\varrho_b\,, & \omega_{(b,2)h} &= \omega_{b,2}\cdot\sin\varrho_b\\
\omega_{(b,1)v} &= \omega_{b,1}\cdot\cos\varrho_b\,, & \omega_{(b,2)v} &= \omega_{b,2}\cdot\cos\varrho_b
\end{aligned} \qquad (57)$$

Damit ergeben sich entsprechend Gl. (55) für die Neigungswinkel des Lagerquerschnittes der Teilwelle b über dem linken Auflager 1:

$$\begin{aligned}
E\cdot\varphi_{(b,1)h} &= P_{b,h}\cdot\gamma_{(b,1)h} + P_{b,v}\cdot\zeta_{b,1} - M_{t,b}\cdot\omega_{(b,1)h} -\\
&\quad - M_{b,h}\cdot\alpha_{(b,1)h} - M_{b,v}\cdot\lambda_{b,1} - M_{c,h}\cdot\beta_{(b,1)h} - M_{c,v}\cdot\mu_{b,1}\\
E\cdot\varphi_{(b,1)v} &= P_{b,h}\cdot\zeta_{b,1} + P_{b,v}\cdot\gamma_{(b,1)v} + M_{t,b}\cdot\omega_{(b,1)v} -\\
&\quad - M_{b,h}\cdot\lambda_{b,1} - M_{b,v}\cdot\alpha_{(b,1)v} - M_{c,h}\cdot\mu_{b,1} - M_{c,v}\cdot\beta_{(b,1)v}
\end{aligned} \qquad (58)$$

Nun müssen für das erste Mittellager B der ganzen Welle als durchlaufender Träger die Bedingungsgleichungen unter Gl. (3) gelten

$$\begin{aligned}
\varphi_{(a,2)h} &= -\varphi_{(b,1)h}\,,\\
\varphi_{(a,2)v} &= -\varphi_{(b,1)v}\,.
\end{aligned}$$

Setzt man die für die Winkel gefundenen Werte aus den Gl. (55) und (58) ein, so erhält man

$$\left.\begin{aligned}
P_{a,h}\cdot\gamma_{(a,2)h} &+ P_{a,v}\cdot\zeta_{a,2} + P_{b,h}\cdot\gamma_{(b,1)h} + P_{b,v}\cdot\zeta_{b,1} +\\
&+ M_{t,a}\cdot\omega_{(a,2)h} - M_{t,b}\cdot\omega_{(b,1)h} = M_{a,h}\cdot\alpha_{(a,2)h} +\\
&+ M_{a,v}\cdot\lambda_{a,2} + M_{b,h}\cdot(\beta_{(a,2)h} + \alpha_{(b,1)h}) +\\
&+ M_{b,v}\cdot(\mu_{a,2} + \lambda_{b,1}) + M_{c,h}\cdot\beta_{(b,1)h} + M_{c,v}\cdot\mu_{b,1}\\
P_{a,h}\cdot\zeta_{a,2} &+ P_{a,v}\cdot\gamma_{(a,2)v} + P_{b,h}\cdot\zeta_{b,1} + P_{b,v}\cdot\gamma_{(b,1)v} -\\
&- M_{t,a}\cdot\omega_{(a,2)v} + M_{t,b}\cdot\omega_{(b,1)v} = M_{a,h}\cdot\lambda_{a,2} +\\
&+ M_{a,v}\cdot\alpha_{(a,2)v} + M_{b,h}\cdot(\mu_{a,2} + \lambda_{b,1}) +\\
&+ M_{b,v}\cdot(\beta_{(a,2)v} + \alpha_{(b,1)v}) + M_{c,h}\cdot\mu_{b,1} + M_{c,v}\cdot\beta_{(b,1)v}
\end{aligned}\right\} \qquad (59)$$

Damit ist die allgemeinste Form der Bestimmungsgleichungen zur Berechnung der unbekannten Seitenmomente der Lagermomente gefunden; für jedes Mittellager ergeben sich zwei Bestimmungsgleichungen.

So ergeben sich z. B. für eine fünffach gelagerte Welle mit drei gekröpften Teilwellen a, b, c und einer nicht gekröpften Teilwelle d, an der keine Außenmomente M_a und M_e wirken, bei Ableitung der Drehmomente zu einem auf der Welle d sitzenden Schwungrad oder Rotor $(M_{t,a} = 0)$ folgende 6 Gleichungen.

$$
\left.
\begin{aligned}
& P_{a,h} \cdot \gamma_{(a,2)h} + P_{a,v} \cdot \zeta_{a,2} + P_{b,h} \cdot \gamma_{(b,1)h} + P_{b,v} \cdot \zeta_{b,1} - \\
& \quad - M_{t,b} \cdot \omega_{(b,1)h} = M_{b,h} \cdot (\beta_{(a,2)h} + \alpha_{(b,1)h}) + \\
& \quad + M_{b,v} (\mu_{a,2} + \lambda_{b,1}) + M_{c,h} \cdot \beta_{(b,1)h} + M_{c,v} \cdot \mu_{b,1} \\
& P_{a,h} \cdot \zeta_{a,2} + P_{a,v} \cdot \gamma_{(a,2)v} + P_{b,h} \cdot \zeta_{b,1} + P_{b,v} \cdot \gamma_{(b,1)v} + \\
& \quad + M_{t,b} \cdot \omega_{(b,1)v} = M_{b,h} \cdot (\mu_{a,2} + \lambda_{b,1}) + \\
& \quad + M_{b,v} \cdot (\beta_{(a,2)v} + \alpha_{(b,1)v}) + M_{c,h} \cdot \mu_{b,1} + M_{c,v} \cdot \beta_{(b,1)v} \\
& P_{b,h} \cdot \gamma_{(b,2)h} + P_{b,v} \cdot \zeta_{b,2} + P_{c,h} \cdot \gamma_{(c,1)h} + P_{c,v} \cdot \zeta_{c,1} + M_{t,b} \cdot \omega_{(b,2)h} - \\
& \quad - M_{t,c} \cdot \omega_{(c,1)h} = M_{b,h} \cdot \alpha_{(b,2)h} + M_{b,v} \cdot \lambda_{b,2} + \\
& \quad + M_{c,h} (\beta_{(b,2)h} + \alpha_{(c,1)h}) + M_{c,v} \cdot (\mu_{b,2} + \lambda_{c,1}) + \\
& \quad + M_{d,h} \cdot \beta_{(c,1)h} + M_{d,v} \cdot \mu_{c,1} \\
& P_{b,h} \cdot \zeta_{b,2} + P_{b,v} \cdot \gamma_{(b,2)v} + P_{c,h} \cdot \zeta_{c,1} + P_{c,v} \cdot \gamma_{(c,1)v} - \\
& \quad - M_{t,b} \cdot \omega_{(b,2)v} + M_{t,c} \cdot \omega_{(c,1)v} = M_{b,h} \cdot \lambda_{b,2} + \\
& \quad + M_{b,v} \cdot \alpha_{(b,2)v} + M_{c,h} (\mu_{b,2} + \lambda_{c,1}) + \\
& \quad + M_{c,v} (\beta_{(b,2)v} + \alpha_{(c,1)v}) + M_{d,h} \cdot \mu_{c,1} + M_{d,v} \cdot \beta_{(c,1)v} \\
& P_{c,h} \cdot \gamma_{(c,2)h} + P_{c,v} \cdot \zeta_{c,2} + P_{d,h} \cdot \gamma_{d,1} + M_{t,c} \cdot \omega_{(c,2)h} = \\
& \quad = M_{c,h} \cdot \alpha_{(c,2)h} + M_{c,v} \cdot \lambda_{c,2} + M_{d,h} (\beta_{(c,2)h} + \alpha_{d,1}) + \\
& \quad + M_{d,v} \cdot \mu_{c,2} \\
& P_{c,h} \cdot \zeta_{c,2} + P_{c,v} \cdot \gamma_{(c,2)v} + P_{d,v} \cdot \gamma_{d,1} - M_{t,c} \cdot \omega_{(c,2)v} = \\
& \quad = M_{c,h} \cdot \lambda_{c,2} + M_{c,v} \cdot \alpha_{(c,2)v} + M_{d,h} \cdot \mu_{c,2} + \\
& \quad + M_{d,v} (\beta_{(c,2)v} + \alpha_{d,1})
\end{aligned}
\right\} \quad (60)
$$

Die Berechnung der Lagermomente bedingt daher schon bei der fünffach gelagerten Welle die Auflösung dieser sechs in den Unbekannten $M_{b,h}$, $M_{b,v}$, $M_{c,h}$, $M_{c,v}$, $M_{d,h}$ und $M_{d,v}$ linearen Gleichungen, eine ziemlich umständliche Arbeit. Auch wenn man nur Kräfte parallel zu einer Belastungsebene wirken läßt, so verschwinden damit, falls die drei Kurbeln nicht in diese Belastungsebene fallen, noch keineswegs die Seitenmomente in der anderen Belastungsebene. Jedenfalls läßt sich auf diese Weise eine Vereinfachung des Rechnungsganges nicht erzielen, was bisher anscheinend übersehen wurde. Wohl aber können durch geeignete Einstellung der Kurbeln gegen die

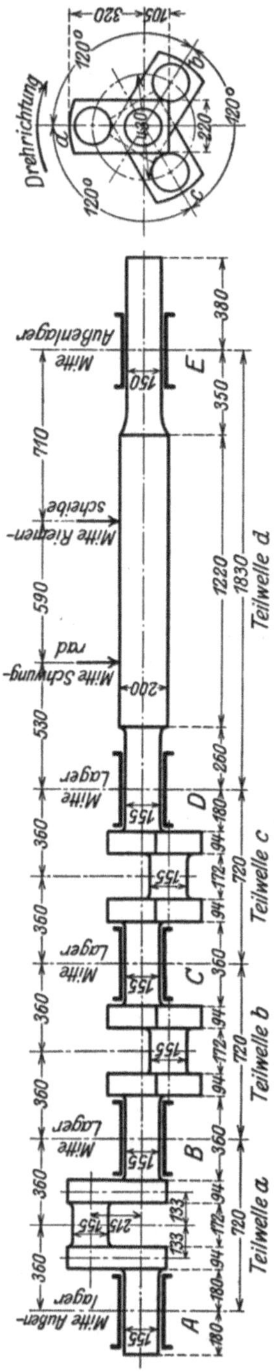

Abb. 48.

Belastungsebenen und bei dem in der Praxis meist vorliegenden gleichartigen Bau der Kröpfungen Vereinfachungen, mitunter auch durch erlaubte Vernachlässigungen erreicht werden, was im Beispiel 6 gezeigt werden soll.

Aus den allgemeinen Gl. (59) bzw. (60) lassen sich natürlich die Bestimmungsgleichungen für alle Sonderfälle ableiten, die in den Beispielen 2 bis 5 verwendet wurden. Für die gewählte Kurbelstellung im Beispiel 5 (Kurbel a in der lotrechten, Kurbel b in der wagrechten Belastungsebene), ist z. B. $\varrho_a = 90^0$, $\varrho_b = 0^0$, daher $\sin\varrho_a = 1$, $\cos\varrho_a = 0$, $\sin\varrho_b = 0$, $\cos\varrho_b = 1$. Damit wird nach Gl. (54), (56a, b) und (57)

$$\gamma_{(a,2)h} = \gamma_{a,2} + \zeta''_{a,2}, \qquad \zeta_{a,2} = 0,$$
$$\gamma_{(a,2)v} = \gamma_{a,2} + \zeta'_{a,2},$$
$$\beta_{(a,2)h} = \beta_{a,2} + \mu''_{a,2}, \qquad \mu_{a,2} = 0,$$
$$\beta_{(a,2)v} = \beta_{a,2} + \mu'_{a,2},$$

$$\gamma_{(b,1)h} = \gamma_{b,1} + \zeta'_{b,1}, \qquad \zeta_{b,1} = 0,$$
$$\gamma_{(b,1)v} = \gamma_{b,1} + \zeta''_{b,1},$$
$$\alpha_{(b,1)h} = \alpha_{b,1} + \lambda'_{b,1}, \qquad \lambda_{b,1} = 0,$$
$$\alpha_{(b,1)v} = \alpha_{b,1} + \lambda''_{b,1},$$
$$\beta_{(b,1)h} = \beta_{b,1} + \mu'_{b,1}, \qquad \mu_{b,1} = 0,$$
$$\beta_{(b,1)v} = \beta_{b,1} + \mu''_{b,1},$$

$$\gamma_{(b,2)h} = \gamma_{b,2} + \zeta'_{b,2}, \qquad \zeta_{b,2} = 0,$$
$$\gamma_{(b,2)v} = \gamma_{b,2} + \zeta''_{b,2},$$
$$\alpha_{(b,2)h} = \alpha_{b,2} + \lambda'_{b,2}, \qquad \lambda_{b,2} = 0,$$
$$\alpha_{(b,2)v} = \alpha_{b,2} + \lambda''_{b,2},$$
$$\beta_{(b,2)h} = \beta_{b,2} + \mu_{b,1}, \qquad \mu_{b,2} = 0,$$
$$\beta_{(b,2)v} = \beta_{b,2} + \mu''_{b,2},$$

Ferner ist

$$\gamma_{(c,1)h} = \gamma_{(c,1)v} = \gamma_{c,1}, \qquad \zeta_{c,1} = 0,$$
$$\alpha_{(c,1)h} = \alpha_{(c,1)v} = \alpha_{c,1},$$
$$\lambda_{c,1} = 0, \qquad \omega_{(b,1)h} = 0,$$
$$\omega_{(b,1)v} = \omega_{b,1}, \qquad \omega_{(b,2)h} = 0,$$
$$\omega_{(b,2)v} = \omega_{b,2}, \qquad \omega_{(c,1)h} = \omega_{(c,1)v} = 0.$$

Mit diesen Werten gehen die ersten 4 Gleichungen unter Gl. (60) sofort in jene Form über, die in dem erwähnten Beispiel 5 verwendet wurde.

6. Beispiel: Berechnung der fünffach gelagerten, dreifach gekröpften Kurbelwelle einer Dieselmaschine mit Kurbeln unter 120° (Abb. 48).

a) Die Einflußzahlen.

Teilwellen a, b und c: Diese drei gekröpften Teilwellen sind völlig gleich gebaut und haben daher gleiche Einflußzahlen, deren Berechnung wie bei der Teilwelle a im Beispiel 2 mit $r_0 = 12$ cm freier Kurbelarmlänge durchzuführen ist. Die Einflußzahlen ω für die Drehmomente werden nach Gl. (45) ermittelt.

Teilwelle d: Diese Teilwelle besteht nur aus zylindrischen Stücken; die Berechnung der Einflußzahlen erfolgt ähnlich wie bei der Teilwelle c im Beispiel 5, doch ist zu beachten, daß einerseits das konische Stück entfällt, während andererseits wie auf die Teilwelle b im Beispiel 2 zwei Lasten $P_{d,1}$ und $P_{d,2}$ auf diese Teilwelle einwirken.

Zusammenstellung der Einflußzahlen.

Teilwelle	Zylindrische Wellenteile	In der Kröpfungsebene	Senkrecht zur Kröpfungsebene
	$\alpha_{a,1} = \beta_{a,2} = \alpha_{b,1} = \beta_{b,2} = \alpha_{c,1} = \beta_{c,2} = 8{,}48$	$\lambda'_{a,1} = \mu'_{a,2} = \lambda'_{b,1} = \mu'_{b,2} = \lambda'_{c,1} = \mu'_{c,2} = 4{,}48$	$\lambda''_{a,1} = \mu''_{a,2} = \lambda''_{b,1} = \mu''_{b,2} = \lambda''_{c,1} = \mu''_{c,2} = 4{,}91$
a, b, c	$\alpha_{a,2} = \beta_{a,1} = \alpha_{b,2} = \beta_{b,1} = \alpha_{c,2} = \beta_{c,1} = 4{,}24$	$\lambda'_{a,2} = \mu'_{a,1} = \lambda'_{b,2} = \mu'_{b,1} = \lambda'_{c,2} = \mu_{c,1} = 3{,}40$	$\lambda''_{a,2} = \mu''_{a,1} = \lambda''_{b,2} = \mu''_{b,1} = \lambda''_{c,2} = \mu''_{c,1} = 2{,}36$
	$\gamma_{a,1} = \gamma_{a,2} = \gamma_{b,1} = \gamma_{b,2} = \gamma_{c,1} = \gamma_{c,2} = 115$	$\zeta'_{a,1} = \zeta'_{a,2} = \zeta'_{b,1} = \zeta'_{b,2} = \zeta'_{c,1} = \zeta'_{c,2} = 89{,}4$	$\zeta''_{a,1} = \zeta''_{b,1} = \zeta''_{c,1} = 52{,}5$ $\zeta''_{a,2} = \zeta''_{b,2} = \zeta''_{c,2} = 112{,}5$
			$\omega_b = \omega_c = \pm 2{,}79$
d	$\alpha_{d,1} = 12{,}97$ $\alpha_{d,2} = \beta_{d,1} = 5{,}08$ $\beta_{d,2} = 15{,}72$ $\gamma_{(d,1)1} = 307$ $\gamma_{(d,1)2} = 235$ $\gamma_{(d,2)1} = 274$ $\gamma_{(d,2)2} = 365$		

b) Berechnung der Lagermomente.

Für die Berechnung der Lagermomente stellt man am besten die dritte Kurbel c nach abwärts gerichtet in die lotrechte Belastungsebene (Abb. 49). Die erste Kurbel a bildet dann mit der wagrechten Belastungsebene den Winkel $\varrho_a = 30^0$, die Kurbel b den Winkel $\varrho_b = 150^0$, die dritte Kurbel c den Winkel $\varrho_c = 270^0$. Damit ergeben sich nach Gl. (54), (56a, b) und (57) für die Kurbeln a, b, c folgende Einflußwerte.

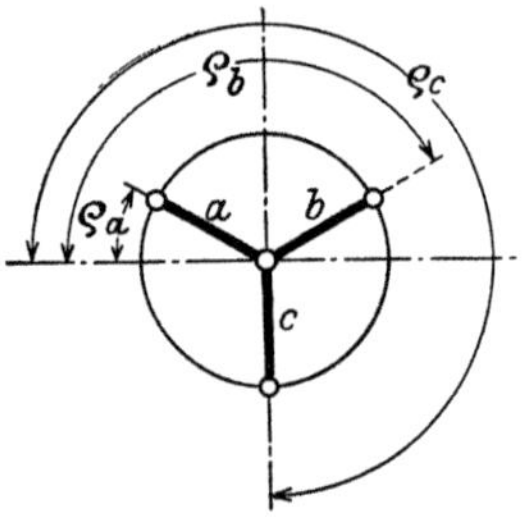

Abb. 49.

Kurbel a:

$$\varrho_a = 30^0, \quad \sin\varrho_a = \frac{1}{2}, \quad \cos\varrho_a = \frac{1}{2}\sqrt{3}$$

$$\gamma_{(a,2)h} = \gamma_{a,2} + \zeta'_{a,2}\cdot\cos^2\varrho_a + \zeta''_{a,2}\cdot\sin^2\varrho_a = 115 + \frac{1}{4}(3\cdot 89{,}4 + 112{,}5) = 210{,}2$$

$$\zeta_{a,2} = (\zeta'_{a,2} - \zeta''_{a,2})\sin\varrho_a\cdot\cos\varrho_a = \frac{1}{4}\sqrt{3}\cdot(89{,}4 - 112{,}5) = -10{,}0$$

$$\gamma_{(a,2)v} = \gamma_{a,2} + \zeta'_{a,2}\cdot\sin^2\varrho_a + \zeta''_{a,2}\cdot\cos^2\varrho_a = 115 + \frac{1}{4}(89{,}4 + 3\cdot 112{,}5) = 221{,}7$$

$$\alpha_{(a,2)h} = \alpha_{a,2} + \lambda'_{a,2}\cdot\cos^2\varrho_a + \lambda''_{a,2}\cdot\sin^2\varrho_a = 4{,}24 + \frac{1}{4}(3\cdot 3{,}40 + 2{,}36) = 7{,}38$$

$$\lambda_{a,2} = (\lambda'_{a,2} - \lambda''_{a,2})\cdot\sin\varrho_a\cdot\cos\varrho_a = \frac{1}{4}\sqrt{3}(3{,}40 - 2{,}36) = 0{,}45$$

$$\alpha_{(a,2)v} = \alpha_{a,2} + \lambda'_{a,2}\cdot\sin^2\varrho_a + \lambda''_{a,2}\cdot\cos^2\varrho_a = 4{,}24 + \frac{1}{4}(3{,}40 + 3\cdot 2{,}36) = 6{,}86$$

$$\beta_{(a,2)h} = \beta_{a,2} + \mu'_{a,2}\cdot\cos^2\varrho_a + \mu''_{a,2}\cdot\sin^2\varrho_a = 8{,}48 + \frac{1}{4}(3\cdot 4{,}48 + 4{,}91) = 13{,}07$$

$$\mu_{a,2} = (\mu'_{a,2} - \mu''_{a,2})\sin\varrho_a\cdot\cos\varrho_a = \frac{1}{4}\sqrt{3}(4{,}48 - 4{,}91) = -0{,}186$$

$$\beta_{(a,2)v} = \beta_{a,2} + \mu'_{a,2}\cdot\sin^2\varrho_a + \mu''_{a,2}\cdot\cos^2\varrho_a = 8{,}48 + \frac{1}{4}(4{,}48 + 3\cdot 4{,}91) = 13{,}27.$$

Kurbel b:

$$\varrho_b = 150^0, \quad \sin\varrho_b = \frac{1}{2}, \quad \cos\varrho_b = -\frac{1}{2}\sqrt{3}$$

$$\gamma_{(b,1)h} = \gamma_{b,1} + \zeta'_{b,1}\cdot\cos^2\varrho_a + \zeta''_{b,1}\cdot\sin^2\varrho_a = 115 + \frac{1}{4}(3\cdot 89{,}4 + 52{,}5) = 195{,}2$$

$$\zeta_{b,1} = (\zeta'_{b,1} - \zeta''_{b,1})\sin\varrho_a\cdot\cos\varrho_a = -\frac{1}{4}\sqrt{3}(89{,}4 - 52{,}5) = -16{,}0$$

$$\gamma_{(b,1)v} = \gamma_{b,1} + \zeta'_{b,1}\cdot\sin^2\varrho_a + \zeta''_{b,1}\cdot\cos^2\varrho_a = 115 + \frac{1}{4}(89{,}4 + 3\cdot 52{,}5) = 176{,}7.$$

Weiters muß aber wegen des gleichartigen Baues mit der Kurbel a und wegen

$$\sin^2\varrho_b = \sin^2\varrho_a, \quad \cos^2\varrho_b = \cos^2\varrho_a, \quad \sin\varrho_b\cdot\cos\varrho_b = -\sin\varrho_a\cdot\cos\varrho_a$$

gelten:

$$\gamma_{(b,2)h} = \gamma_{(a,2)h} = 210{,}2, \quad \zeta_{b,2} = -\zeta_{a,2} = 10{,}0, \quad \gamma_{(b,2)v} = \gamma_{(a,2)v} = 221{,}7$$

$$\alpha_{(b,1)h} = \beta_{(b,2)h} = \beta_{(a,2)h} = 13{,}07$$

$$\lambda_{b,1} = \mu_{b,2} = -\mu_{a,2} = 0{,}186$$

$$\alpha_{(b,1)v} = \beta_{(b,2)v} = \beta_{(a,2)v} = 13{,}27$$

$$\alpha_{(b,2)h} = \beta_{(b,1)h} = \alpha_{(a,2)h} = 7{,}38$$
$$\lambda_{b,2} = \mu_{b,1} = -\lambda_{a,2} = -0{,}45$$
$$\alpha_{(b,2)v} = \beta_{(b,1)v} = \alpha_{(a,2)v} = 6{,}86$$

Schließlich ist noch nach Gl. (57)

$$\omega_{(b,1)h} = \omega_{(b,2)h} = \omega_b \cdot \sin \varrho_b = \frac{1}{2} \cdot 2{,}79 = 1{,}40$$

$$\omega_{(b,1)v} = \omega_{(b,2)v} = \omega_b \cdot \cos \varrho_b = -\frac{1}{2}\sqrt{3} \cdot 2{,}79 = -2{,}42.$$

Kurbel c:

$$\varrho_c = 270^0, \quad \sin \varrho_c = -1, \quad \cos \varrho_c = 0.$$

Mit diesen Werten ist zunächst

$$\zeta_{c,1} = \zeta_{c,2} = \lambda_{c,1} = \lambda_{c,2} = \mu_{c,1} = \mu_{c,2} = 0;$$

ferner

$$\gamma_{(c,1)h} = \gamma_{c,1} + \zeta''_{c,1} = 115 + 52{,}5 = 167{,}5$$
$$\gamma_{(c,1)v} = \gamma_{(c,2)v} = \gamma_{c,1} + \zeta'_{c,1} = 115 + 89{,}4 = 204{,}4$$
$$\gamma_{(c,2)h} = \gamma_{c,2} + \zeta''_{c,2} = 115 + 112{,}5 = 227{,}5$$

$$\alpha_{(c,1)h} = \beta_{(c,2)h} = \alpha_{c,1} + \lambda''_{c,1} = 8{,}48 + 4{,}91 = 13{,}39$$
$$\alpha_{(c,1)v} = \beta_{(c,2)v} = \alpha_{c,1} + \lambda'_{c,1} = 8{,}48 + 4{,}48 = 12{,}96$$
$$\alpha_{(c,2)h} = \beta_{(c,1)h} = \alpha_{c,2} + \lambda''_{c,2} = 4{,}24 + 2{,}36 = 6{,}60$$
$$\alpha_{(c,2)v} = \beta_{(c,1)v} = \alpha_{c,2} + \lambda'_{c,2} = 4{,}24 + 3{,}40 = 7{,}64$$
$$\omega_{(c,1)h} = \omega_{(c,2)h} = -\omega_c = -2{,}79, \quad \omega_{(c,1)v} = \omega_{(c,2)v} = 0.$$

Diese Werte sind nun in die Bestimmungsgleichungen (60) einzusetzen. Zunächst sollen jedoch die linken Seiten dieser Gleichungen, die nur bekannte Größen enthalten, mit $A, B, C\ldots$ bezeichnet werden. Man erhält

$$\begin{aligned}
A &= 26{,}14\,M_{b,h} + 7{,}38\,M_{c,h} - 0{,}45\,M_{c,v}\\
B &= +26{,}54\,M_{b,v} - 0{,}45\,M_{c,h} + 6{,}86\,M_{c,v}\\
C &= 7{,}38\,M_{b,h} - 0{,}45\,M_{b,v} + 26{,}46\,M_{c,h} + 0{,}186\,M_{c,v} + 6{,}60\,M_{d,h}\\
D &= -0{,}45\,M_{b,h} + 6{,}86\,M_{b,v} + 0{,}186\,M_{c,h} + 26{,}23\,M_{c,v} + 7{,}64\,M_{d,v}\\
E &= +6{,}60\,M_{c,h} + 26{,}36\,M_{d,h}\\
F &= +7{,}64\,M_{c,v} + 25{,}93\,M_{d,v}
\end{aligned}$$

Die Auflösung dieser 6 Gleichungen ist durch das Fehlen zahlreicher Glieder, das durch die Wahl der Kurbelstellung und den gleichartigen Bau der Kurbeln erreicht wird, wesentlich erleichtert. Man kann sofort aus der 1. und 2. Gleichung die Größen $M_{b,h}$ und $M_{b,v}$, ferner aus der 5. und 6. Gleichung $M_{d,h}$ und $M_{d,v}$ in den Größen $M_{c,h}$ und $M_{c,v}$ ausdrücken und letztere nun aus der 3. und 4. Gleichung berechnen. Man wird aber auch im vorliegenden Fall wegen der Kleinheit der Faktoren $-0{,}45$ und $0{,}186$ die mit diesen behafteten Glieder weglassen können, ohne einen wesentlichen Fehler zu begehen; damit entstehen zwei Gleichungsgruppen zu je drei Gleichungen, von denen jede nur die Momente einer Belastungsebene enthält.

$$\begin{aligned}
26{,}14\, M_{b,h} + 7{,}38\, M_{c,h} \qquad\qquad &= A\\
7{,}38\, M_{b,h} + 26{,}46\, M_{c,h} + 6{,}60\, M_{d,h} &= C\\
6{,}60\, M_{c,h} + 26{,}36\, M_{d,h} &= E
\end{aligned}$$

$$\begin{aligned}
26{,}54\, M_{b,v} + 6{,}86\, M_{c,v} \qquad\qquad &= B\\
6{,}86\, M_{b,v} + 26{,}23\, M_{c,v} + 7{,}64\, M_{d,v} &= D\\
7{,}64\, M_{c,v} + 25{,}93\, M_{d,v} &= F
\end{aligned}$$

Durch Auflösung dieser einfachen Gleichungsgruppen erhält man

$$\begin{aligned}
M_{b,h} &= 0{,}0417\, A - 0{,}0124\, C + 0{,}0031\, E\\
M_{c,h} &= -0{,}0124\, A + 0{,}0440\, C - 0{,}0110\, E\\
M_{d,h} &= 0{,}0031\, A - 0{,}0110\, C + 0{,}0407\, E\\
M_{b,v} &= 0{,}0406\, B - 0{,}0116\, D + 0{,}0034\, F\\
M_{c,v} &= -0{,}0116\, B + 0{,}0450\, D - 0{,}0132\, F\\
M_{d,v} &= 0{,}0034\, B - 0{,}0132\, D + 0{,}0424\, F
\end{aligned} \qquad \text{(a)}$$

Für die Werte $A, B, C \ldots$ der linken Seiten der Gl. (60) ergeben sich folgende Ausdrücke:

$$\begin{aligned}
A &= 210{,}2\, P_{a,h} - 10\, P_{a,v} + 195{,}2\, P_{b,h} - 16\, P_{b,v} - 1{,}40\, M_{t,b}\\
B &= -10\, P_{a,h} + 221{,}7\, P_{a,v} - 16\, P_{b,h} + 176{,}7\, P_{b,v} - 2{,}42\, M_{t,b}\\
C &= 210{,}2\, P_{b,h} + 10\, P_{b,v} + 167{,}5\, P_{c,h} + 1{,}40\, M_{t,b} + 2{,}79\, M_{t,c}\\
D &= 10\, P_{b,h} + 221{,}7\, P_{b,v} + 204{,}4\, P_{c,v} + 2{,}42\, M_{t,b}\\
E &= 227{,}5\, P_{c,h} + 307\, P_{(d,1)h} + 274\, P_{(d,2)h} - 2{,}79\, M_{t,c}\\
F &= 204{,}4\, P_{c,v} + 307\, P_{(d,1)v} + 274\, P_{(d,2)v}\,.
\end{aligned} \qquad \text{(b)}$$

Die Stützenwiderstände sollen nun für jene Kurbelstellung ermittelt werden, bei der die zweite Kurbel b im oberen Totpunkt steht und der zu-

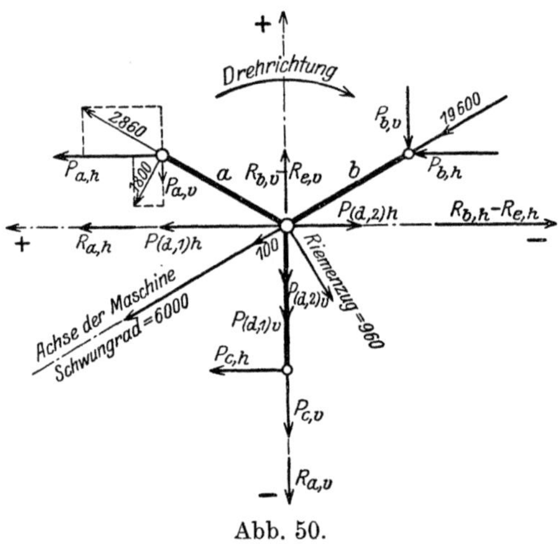

Abb. 50.

gehörige Kolben Zündung hat; die Maschinenachse ist daher gegen die Stellung, in der die Kurbeln in den Belastungsebenen festgehalten wurden, um den Winkel von 300° entgegen dem Drehsinn der Maschine zu drehen. In Abb. 50 sind die in Richtung der Kurbeln und senkrecht dazu wirkenden Seitenkräfte der Stangenkräfte und das Schwungradgewicht (6000 kg), das Riemenscheibengewicht (100 kg) und der in Wirklichkeit wagrecht wirkende Riemenzug (960 kg = 3facher Umfangskraft an der Scheibe) eingetragen. Damit ergeben sich folgende Kräfte parallel zu den Belastungsebenen:

$$
\begin{aligned}
P_{a,h} &= -(1800\cdot\sin 30^0 + 2860\cdot\cos 30^0) = - \ 3380 \text{ kg} \\
P_{a,v} &= 1800\cdot\cos 30^0 - 2850\cdot\sin 30^0 = + \ 130 \text{ „} \\
P_{b,h} &= -(19600\cdot\cos 30^0) = -17000 \text{ „} \\
P_{b,v} &= 19600\cdot\sin 30^0 = + \ 9800 \text{ „} \\
P_{c,h} &= = - \ 1430 \text{ „} \\
P_{c,v} &= = + \ 2670 \text{ „} \\
P_{(d,1)h} &= -(6000\cdot\cos 30^0) = - \ 5200 \text{ „} \\
P_{(d,1)v} &= 6000\cdot\sin 30^0 = + \ 3000 \text{ „} \\
P_{(d,2)h} &= -(100\cdot\cos 30^0) + 960\cdot\sin 30^0 = + \ 390 \text{ „} \\
P_{(d,2)v} &= 100\cdot\sin 30^0 + 960\cdot\cos 30^0 = + \ 880 \text{ „}
\end{aligned}
$$

endlich das Drehmoment, erzeugt an der Kurbel a, das durch die Kurbel b und c zum Schwungrad abgeleitet wird,

$$M_{t,b} = M_{t,c} = -1800\cdot 21{,}5 = -38\,700 \text{ cmkg}.$$

Mit diesen Werten erhält man aus den Gl. (b) für die linken Seiten der Bedingungsgleichungen

$$
\begin{aligned}
A &= -4133000 \\
B &= 2160000 \\
C &= -3877000 \\
D &= 2455000 \\
E &= -1706000 \\
F &= 1708000
\end{aligned}
$$

und nach Einsetzung in die Gl. (a) die Momente

$$
\begin{aligned}
M_{b,h} &= -129\,600 \text{ cmkg} & M_{b,v} &= 65\,000 \text{ cmkg} \\
M_{c,h} &= -100\,600 \text{ „} & M_{c,v} &= 62\,900 \text{ „} \\
M_{d,h} &= -39\,600 \text{ „} & M_{d,v} &= 47\,400 \text{ „}
\end{aligned}
$$

c) Berechnung der Stützenwiderstände.

Aus den allgemeinen Gleichungen nach Gl. (2) ergibt sich für die Stützenwiderstände

$$
\begin{aligned}
R_a &= P_a\cdot\frac{q_a}{a} - \frac{M_b}{a}, \\
R_b &= P_a\cdot\frac{p_a}{a} + P_b\cdot\frac{q_b}{b} + \frac{a+b}{a\cdot b}M_b - \frac{M_c}{b}, \\
R_c &= P_b\cdot\frac{p_b}{b} + P_c\cdot\frac{q_c}{c} - \frac{M_b}{b} + \frac{b+c}{b\cdot c}M_c - \frac{M_d}{c}, \\
R_d &= P_c\cdot\frac{p_c}{c} + P_{d,1}\frac{q_{d,1}}{d} + P_{d,2}\frac{q_{d,2}}{d} - \frac{M_c}{c} + \frac{c+d}{c\cdot d}M_d, \\
R_e &= P_{d,1}\frac{p_{d,1}}{d} + P_{d,2}\frac{p_{d,2}}{d} - \frac{M_d}{d}
\end{aligned}
$$

mit $a = b = c = 72$, $p_a = q_a = p_b = q_b = p_c = q_c = \frac{a}{2} = 36$, $d = 183$, $p_{d,1} = 53$, $q_{d,1} = 130$, $p_{d,2} = 71$, $q_{d,2} = 112$ cm durch Einführung der zusammengehörigen

Werte der angreifenden Kräfte und Momente die Stützenwiderstände in den Belastungsebenen

$$R_{a,h} = + \quad 110\,\text{kg}, \qquad R_{a,v} = - \quad 838\,\text{kg},$$
$$R_{b,h} = -12393\,\text{kg}, \qquad R_{b,v} = +5898\,\text{kg},$$
$$R_{c,h} = - \quad 9659\,\text{kg}, \qquad R_{c,v} = +6420\,\text{kg},$$
$$R_{d,h} = - \quad 3627\,\text{kg}, \qquad R_{d,v} = +3851\,\text{kg},$$
$$R_{e,h} = - \quad 1051\,\text{kg}, \qquad R_{e,v} = +1149\,\text{kg}$$

und endlich die resultierenden Stützdrücke:

$$\boldsymbol{R_a = 845\,\text{kg}},$$
$$\boldsymbol{R_b = 13730\,\text{kg}},$$
$$\boldsymbol{R_c = 11600\,\text{kg}},$$
$$\boldsymbol{R_d = 5290\,\text{kg}},$$
$$\boldsymbol{R_e = 1560\,\text{kg}}.$$

d) Berechnung der Durchbiegung der Teilwelle d unter dem Schwungrad.

Zur Berechnung der Durchbiegung an der Angriffstelle des Schwungradgewichtes $P_{d,1}$, also in der Entfernung $p_{d,1} = 53$ vom linken und $q_{d,1} = 130$ cm vom rechten Lager der Teilwelle d (Stützweite $d = 183$ cm), dient die Gl. (28), in der man überall statt des Zeigers a den Zeiger d, bzw. bei den auf die Last bezüglichen Größen den Zeiger $d,1$ zu setzen hat. Außer der Last $P_{d,1}$ wirken aber auf die Welle noch Kräfte an der Angriffstelle im Mittel der Riemenscheibe in der Entfernung $p_{d,2} = 112$ vom linken und $q_{d,2} = 71$ cm vom rechten Auflager, deren Einfluß auf die Durchbiegung unter $P_{d,1}$ durch das erste Glied der Gl. (27) dargestellt wird. Man hat in diesem Ausdruck $x = p_{d,1}$, $x' = q_{d,1}$ und bei den auf die Lasten bezüglichen Werten statt des Zeigers a den Zeiger $d,2$ zu setzen.

Damit erhält man für die Durchbiegung

$$E \cdot \Delta f_{d,1} = P_{d,1}\left[p_{d,1} \cdot \gamma_{(d,1)1} + q_{d,1} \cdot \gamma_{(d,1)2} - p_{d,1} \cdot q_{d,1} \cdot \alpha_{d,2}\right] - M_d \cdot \gamma_{(d,1)1}$$
$$+ P_{d,2}\left[p_{d,1} \cdot \gamma_{(d,2)1} + q_{d,2}\left(q_{d,1} \cdot \sum_0^{p_{d,1}} f_\beta - d \cdot \sum_0^{p_{d,1}} f_\alpha + \sum_0^{p_{d,1}} \mathfrak{M}_\alpha\right)\right].$$

Die Einflußzahlen sind bekannt ($\alpha_{d,2} = 5{,}08$, $\gamma_{(d,1)1} = 307$, $\gamma_{(d,1)2} = 235$, $\gamma_{(d,2)1} = 274$; die Summenwerte mußten ohnedies bei der Berechnung der ersteren ermittelt werden und ergaben:

$$\sum_0^{p_{d,1}} f_\alpha = 11{,}24, \qquad \sum_0^{p_{d,1}} \mathfrak{M}_\alpha = 1842{,}5, \qquad \sum_0^{p_{d,1}} f_\beta = 1{,}39.$$

Daher ist nach Teilung aller Einflußwerte durch 1000

$$E \cdot \Delta f_{d,1} = P_{d,1}\,[53 \cdot 0{,}307 + 130 \cdot 0{,}235 - 53 \cdot 130 \cdot 0{,}00508]$$
$$- M_d \cdot 0{,}307 + P_{d,2}\,[53 \cdot 0{,}274 + 71\,(130 \cdot 0{,}00139 - 183 \cdot 0{,}01124 + 1{,}843]\,,$$

$$E \cdot \Delta f_{d,1} = 11{,}82\, P_{d,1} + 12{,}13\, P_{d,2} - 0{,}307\, M_d\,.$$

Mit den Werten für die wagrechte Belastungsebene

$$P_{(d,1)h} = -5200, \qquad P_{(d,2)h} = 390\,\text{kg}, \qquad M_{d,h} = -39600\,\text{cmkg},$$

und für die lotrechte Belastungsebene

$$P_{(d,1)v} = 3000, \qquad P_{(d,2)v} = 880\,\text{kg}, \qquad M_{d,v} = 47400\,\text{cmkg} \quad \text{und} \quad E = 2{,}1 \cdot 10^6$$

ergibt sich daher die Durchbiegung in der wagrechten Belastungsebene nach links

$$\varDelta f_{(d,1)h} = \frac{1}{2{,}1 \cdot 10^6}(-11{,}82 \cdot 5200 + 12{,}13 \cdot 390 + 0{,}307 \cdot 39600) = -0{,}0212 \text{ cm},$$

in der lotrechten Belastungsebene nach unten

$$\varDelta f_{(d,1)v} = \frac{1}{2{,}1 \cdot 10^6}(11{,}82 \cdot 3000 + 12{,}13 \cdot 880 - 0{,}307 \cdot 47400) = 0{,}0150 \text{ cm}.$$

Die wahre Richtung dieser Durchbiegungen findet man durch Drehung um 300° im Sinne der Drehung der Maschine. Die gesamte Durchbiegung ergibt sich zu

$$\varDelta f_{d,1} = \sqrt{0{,}0212^2 + 0{,}015^2} = 0{,}026 \text{ cm} = \mathbf{0{,}26\ mm}.$$

9. Wirkung der Senkung oder Hebung eines Lagers.

Bisher wurde angenommen, daß sämtliche Stützpunkte der Welle auf einer wagrechten Geraden liegen. Es ist nun sehr leicht, auch die Wirkung der Verschiebung eines Lagerpunktes nach abwärts oder aufwärts zu untersuchen. Falls die übrigen Stützpunkte ihre

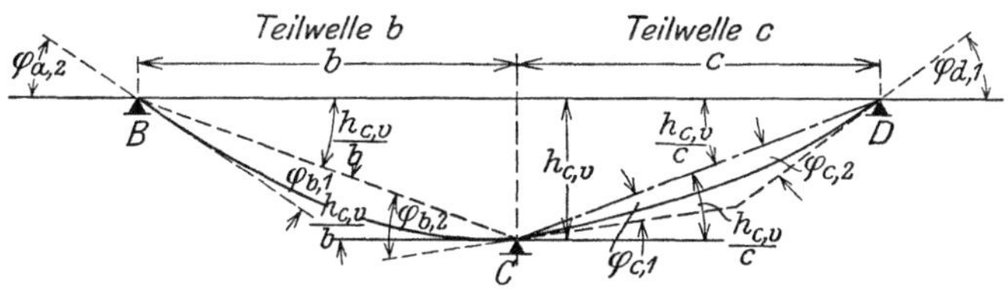

Abb. 51.

Lage beibehalten, werden durch eine derartige Verschiebung eines Lagers in der Welle auch dann Spannungen hervorgerufen, wenn die Welle im übrigen unbelastet ist.

Man denke sich z. B. das dritte Lager C einer mehr als vierfach gelagerten Welle um den Betrag $h_{c,v}$ gesenkt. Da die den Neigungswinkeln der Endquerschnitte gleichen Winkel der Endtangenten an die elastischen Linien der Teilwellen stets von der Verbindungsgeraden der Stützpunkte zu zählen sind, so liest man aus der Abb. 51 für die drei Lagerstellen B, C und D der Teilwellen b und c unter Beachtung der Vorzeichenregel für die Winkel in 1. folgende Bedingungsgleichungen ab:

$$\left.\begin{aligned} -\varphi_{a,2} &= \varphi_{b,1} + \frac{h_{c,v}}{b} \\ \varphi_{b,2} - \frac{h_{c,v}}{b} &= -\left(\varphi_{c,1} - \frac{h_{c,v}}{c}\right) \\ \varphi_{c,2} + \frac{h_{c,v}}{c} &= -\varphi_{d,1} \end{aligned}\right\} \qquad (61)$$

Die übrigen Bedingungsgleichungen unter Gl. (3) für die weiter rechts folgenden Lager ($\varphi_{d,2} = -\varphi_{e,1}$, $\varphi_{e,2} = -\varphi_{f,2} \ldots$) bleiben unverändert.

Senkt sich z. B. das Außenlager A (linkes Lager der Teilwelle a) um den Betrag $h_{a,v}$, während die übrigen Lager ihre Lage behalten, so kommt die Teilwelle a in jene Lage, die in Abb. 51 die Teilwelle c einnimmt; man erhält aus der dritten Gl. (61)

$$\varphi_{a,2} + \frac{h_{a,v}}{a} = -\varphi_{b,1} \qquad (62)$$

Senkt sich nur das zweite Lager um den Betrag $h_{b,v}$, so hat die Teilwelle a die Lage der Teilwelle b, bzw. die Teilwelle b die Lage von c in Abb. 51 und man erhält aus der 2. und 3. Gl. (61)

$$\left.\begin{aligned} \varphi_{a,2} - \frac{h_{b,v}}{a} &= -\left(\varphi_{b,1} - \frac{h_{b,v}}{b}\right) \\ \varphi_{b,2} + \frac{h_{b,v}}{b} &= -\varphi_{c,1} \end{aligned}\right\} \qquad (63)$$

Die Bedingungsgleichungen vom 3. bzw. 4. Lager an nach rechts bleiben natürlich unverändert.

Tritt nicht eine Senkung, sondern eine Hebung eines Lagers um den Betrag h_v ein, so ist dieser Wert in die Gl. (61), (62), (63) mit —-Vorzeichen einzuführen.

Die Werte für die Winkel $\varphi_{a,2}$, $\varphi_{b,1}, \ldots$, die man in die obigen Bedingungsgleichungen einzusetzen hat, ergeben sich aus den Gl. (4), wenn man alle Lasten P_a, $P_b \ldots$ und die Außenmomente M_a und M_k gleich Null setzt. Durch Einsetzung der Werte für die Winkel in die Gl. (61), (62) oder (63) und Auflösung nach den unbekannten Lagermomenten erhält man deren Werte. Führt man die gefundenen Größen der Lagermomente in die Gl. (2) für die Stützenwiderstände ein, in denen natürlich wieder alle Belastungen und Außenmomente Null zu setzen sind, so erhält man die Größe der Stützenwiderstände, die lediglich durch Verschiebung des bezüglichen Lagers in der lotrechten Belastungsebene entstanden sind; ihre Werte sind zu den von der Belastung herrührenden Stützenwiderständen algebraisch zu addieren.

7. Beispiel: Bei der im 1. Beispiel (S. 27 u. f.) durchgerechneten Welle hat sich **das linke Außenlager A um den Betrag $h_{a,v}$ gesenkt.** Die durch diese Senkung bewirkte **Änderung** der für die gegebene Belastung berechneten **Stützenwiderstände** ist zu bestimmen.

Nach den Gl. (4) ergibt sich mit $P_a = P_b = M_a = M_c = 0$

$$E \cdot \varphi_{a,2} = -M_b \cdot \beta_{a,2}$$
$$E \cdot \varphi_{b,1} = -M_b \cdot \alpha_{b,1}\,.$$

Führt man diese Werte in die Gl. (62) ein, so erhält man

$$M_b \cdot (\beta_{a,2} + \alpha_{b,1}) = E \cdot \frac{h_{a,v}}{a}$$

und mit den Werten für die Einflußzahlen $\beta_{a,2} = 26{,}59$, $\alpha_{b,1} = 20{,}59$ und der Stützweite $a = 150$ cm (S. 29)

$$\frac{1}{1000} \cdot 47{,}18\, M_b = 2{,}1 \cdot 10^6 \cdot \frac{h_{a,v}}{150},$$

$$M_b = 296\,700\, h_{a,v}.$$

Setzt man diesen Wert in die Gl. (a) des Beispiels 1 (S. 30) für die Stützenwiderstände ein, so ist

$$R_a = -0{,}0067\, M_b = -1988\, h_{a,v}$$
$$R_b = 0{,}0167\, M_b = 4955\, h_{a,v}$$
$$R_c = -0{,}01\, M_b = -2967\, h_{a,v}.$$

Senkt sich daher das Lager um den Betrag $h_{a,v} = 0{,}1$ cm, so erhält man durch algebraische Summierung der hierdurch erzeugten Stützenwiderstände zu den für die Belastung gefundenen Werten nunmehr in der **lotrechten** Belastungsebene folgende Stützdrücke:

$$R_a = 525 - 199 = 326 \text{ kg}$$
$$R_b = 1224 + 496 = 1720 \text{ „}$$
$$R_c = -124 - 297 = -421 \text{ „}.$$

Der Druck auf das Mittellager wird also durch die Senkung des Außenlagers um 1 mm um mehr als 40% erhöht.

Bei gekröpften Kurbelwellen ist im allgemeinen die Berechnung für beide Belastungsebenen durchzuführen. Für die Winkelgrößen $\varphi_{(a,2)h}$, $\varphi_{(a,2)v}$, $\varphi_{(b,1)h}\ldots$ sind unter Weglassung aller Lasten, Außen- und Drehmomente die Ausdrücke aus den Gl. (55) und (58) einzuführen. Will man die Wirkung der Senkung oder Hebung eines Lagers für eine Stellung der Kurbeln untersuchen, bei der die Achse der Maschine gegen die Belastungsebenen um den Winkel δ verdreht wurde, so hat man auch die lotrechte Hebung oder Senkung h um den Winkel δ gegen die Belastungsebenen zu drehen. Dann ist für eine Senkung h_c des dritten Lagers (Abb. 52)

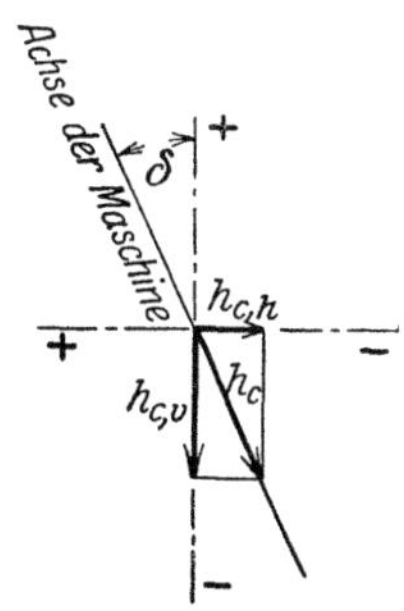

Abb. 52.

$$\left.\begin{aligned} h_{c,h} &= h_c \cdot \sin\delta \\ h_{c,v} &= h_c \cdot \cos\delta \end{aligned}\right\} \qquad (64)$$

und die Gl. (61) nehmen die Form an:

Wagrechte Belastungsebene: Lotrechte Belastungsebene:

$$-\varphi_{(a,2)h} = \varphi_{(b,1)h} + \frac{h_{c,h}}{b} \qquad -\varphi_{(a,2)v} = \varphi_{(b,1)v} + \frac{h_{c,v}}{b}$$

$$\varphi_{(b,2)h} - \frac{h_{c,h}}{b} = -\left(\varphi_{(c,1)h} - \frac{h_{c,h}}{c}\right) \qquad \varphi_{(b,2)v} - \frac{h_{c,v}}{b} = -\left(\varphi_{(c,1)v} - \frac{h_{c,v}}{c}\right) \qquad (65)$$

$$\varphi_{(c,2)h} + \frac{h_{c,h}}{c} = -\varphi_{(d,1)h} \qquad \varphi_{(c,2)v} + \frac{h_{c,v}}{c} = -\varphi_{(d,1)v}$$

In diese Gl. (64) sind $h_{c,v}$ und $h_{c,h}$ mit —-Vorzeichen einzuführen, wenn die Verschiebung $h_{c,v}$ nach aufwärts bzw. die Verschiebung $h_{c,h}$ nach links erfolgt. Nach Ermittlung der unbekannten Lagermomente und deren Einführung in die Gl. (2) für die Stützenwiderstände ergeben sich die Werte der letzteren, erzeugt durch die Hebung oder Senkung h_c, für beide Belastungsebenen.

Stehen die Kurbeln in einer Ebene oder unter 90^0, wie bei den Wellen in Beispiel 2, 3, 4 und 5 und hält man sie in den Belastungsebenen fest, so kann man die Ausdrücke für die Winkelgrößen einfach aus den Gl. (4) entnehmen, indem man die Einflußzahlen α, β und γ durch die den Kröpfungen entsprechenden Einflußzahlenwerte λ', μ' und ζ' bzw. λ'', μ'' und ζ'' ergänzt, wobei natürlich wieder genau zu beachten ist, ob die Kurbel in jener Belastungsebene, für die man den Ausdruck für die Winkelgröße anschreibt (λ', μ', ξ') oder zu dieser Belastungsebene senkrecht steht (λ'', μ'', ζ'').

8. Beispiel: Bei der im 2. Beispiel (Seite 53 u. f.) durchgerechneten Welle sei **das Mittellager derart ausgelaufen,** daß sich die **Wellenachse in diesem Lager im Totpunkt um den Betrag $h_{b,v}$ senkt.** Es ist die hierdurch bewirkte **Änderung der Stützenwiderstände** und des **Neigungswinkels** im **linken Außenlager** zu suchen.

Da die Welle nur dreifach gelagert ist, so ergibt sich als einzige Bedingungsgleichung die 1. Gleichung unter Gl. (63)

$$\varphi_{a,2} - \frac{h_{b,v}}{a} = -\left(\varphi_{b,1} - \frac{h_{b,v}}{b}\right).$$

Für die Winkelgrößen erhält man, da die Kurbelkröpfung im Totpunkt in der lotrechten Belastungsebene steht, nach Gl. (4)

$$E \cdot \varphi_{a,2} = -M_{b,v}(\beta_{a,2} + \mu'_{a,2}) = -\frac{1}{10^3} \cdot 12{,}68\, M_{b,v},$$

$$E \cdot \varphi_{b,1} = -M_{b,v} \cdot \alpha_{b,1} = -\frac{1}{10^3} \cdot 14{,}32\, M_{b,v}.$$

Mit diesen Werten liefert die obige Bedingungsgleichung mit $a = 68$, $b = 138$ cm

$$E \cdot \varphi_{a,2} + E \cdot \varphi_{b,1} = E \cdot \frac{a+b}{a \cdot b} \cdot h_{b,v},$$

$$\frac{1}{10^3} \cdot 27\, M_{b,v} = -2{,}1 \cdot 10^6 \cdot \frac{68+138}{68 \cdot 138} \cdot h_{b,v},$$

$$M_{b,v} = -1707 \cdot 10^3 \cdot h_{b,v}.$$

Führt man diesen Wert in die Gl. (47) (siehe 2. Beispiel) für die Stützenwiderstände ein, so erhält man:

$$R_{a,v} = -\frac{M_{b,v}}{a} = 25100\, h_{b,v},$$

$$R_{b,v} = \frac{a+b}{ab} \cdot M_{b,v} = -37470\, h_{b,v},$$

$$R_{c,v} = -\frac{M_{b,v}}{b} = 12370\, h_{b,v}.$$

Beträgt daher die Senkung $h_{b,v} = 0{,}1$ cm, so ergeben sich durch Hinzufügen der für die Totpunktlage gefundenen, durch die Belastung erzeugten Stützenwiderstände (S. 57) folgende Gesamtdrücke:

$$R_{a,v} = 7979 + 2510 = 10489 \text{ kg}$$
$$R_{b,v} = 15659 - 3747 = 11912 \text{ „}$$
$$R_{c,v} = -338 + 1237 = 899 \text{ „}.$$

Der Neigungswinkel der Endtangente im Außenlager gegen die wagrechte Wellenachse ergibt sich mit $a = 68$ cm unter Beachtung der Abb. 51 für $h_{b,v} = 0{,}1$ cm:

$$\varphi_{a,1} + \frac{h_{b,v}}{a} = -\frac{M_{b,v}}{E}(\beta_{a,1} + \mu'_{a,1}) + \frac{h_{b,v}}{a},$$

$$2{,}1 \cdot 10^6 \left(\varphi_{a,1} + \frac{h_{b,v}}{a}\right) = 170700 \cdot \frac{1}{10^3}(3{,}53 + 4{,}14) + \frac{0{,}1}{68} \cdot 2{,}1 \cdot 10^6,$$

$$10^6 \cdot \left(\varphi_{a,1} + \frac{h_{b,v}}{a}\right) = 624 + 1471 = 2095.$$

Die Neigung im Außenlager infolge der Belastung wurde im 2. Beispiel (S. 58) mit $10^6 \cdot \varphi_{a,1} = 1279$ gefunden; durch die Senkung des Mittellagers vergrößert sich diese Neigung auf $\frac{1279 + 2095}{10^6} = \frac{3374}{10^6}$, daher fast auf das Dreifache. Es besteht also die große Gefahr, daß durch die Schrägstellung der Welle ein Warmlaufen eintritt.

9. Beispiel: Bei der im 4. Beispiel (S. 65 u. f.) durchgerechneten Welle habe sich das **zweite Lager B** zwischen den beiden Kröpfungen um **den Betrag h_b gesenkt.** Die durch diese Senkung bewirkte **Änderung der Stützenwiderstände** für jene Kurbelstellung, für die im 4. Beispiel die Stützenwiderstände berechnet wurden, ist zu suchen.

Da die Kurbeln für die erwähnte Stellung gegen die Totpunktlage um 30° verdreht sind, so ergeben sich Änderungen der Stützenwiderstände in beiden Belastungsebenen. Man verwende die Gl. (63) in der Form:

$$\varphi_{(a,2)h} - \frac{h_{b,h}}{a} = -\left(\varphi_{(b,1)h} - \frac{h_{b,h}}{b}\right), \quad \varphi_{(a,2)v} - \frac{h_{b,v}}{a} = -\left(\varphi_{(b,1)v} - \frac{h_{b,v}}{b}\right),$$

$$\varphi_{(b,2)h} + \frac{h_{b,h}}{b} = -\varphi_{(c,1)h}, \qquad \varphi_{(b,2)v} + \frac{h_{b,v}}{b} = -\varphi_{(c,1)v}.$$

Die Werte für die Winkelgrößen erhält man am einfachsten aus den Gl. (4), wenn man diese, da die Teilwellen a und b gekröpft sind, durch Hinzufügung der bezüglichen Einflußzahlen für die Kröpfungen ergänzt. Dabei ist zu beachten, daß nach Abb. 40 die Kurbeln in der lotrechten Belastungsebene festgehalten worden sind. Man hat daher für die Winkel in der wagrechten Belastungsebene die Einflußzahlen λ'' und μ'', für jene in der lotrechten Belastungsebene die Einflußzahlen λ' und μ' hinzuzufügen.

$$E \cdot \varphi_{(a,2)h} = -M_{b,h}(\beta_{a,2} + \mu''_{a,2}) = -M_{b,h} \cdot \frac{1}{10^3}(1{,}498 + 1{,}904) = -\frac{1}{10^3} \cdot 3{,}40\, M_{b,h},$$

$$E \cdot \varphi_{(a,2)v} = -M_{b,v}(\beta_{a,2} + \mu'_{a,2}) = -M_{b,v} \cdot \frac{1}{10^3} \cdot (1{,}498 + 1{,}843) = -\frac{1}{10^3} \cdot 3{,}34\, M_{b,v},$$

$$E \cdot \varphi_{(b,1)h} = -M_{b,h}(\alpha_{b,1} + \lambda''_{b,1}) - M_{c,h}(\beta_{b,1} + \mu_{b,1}'') = \frac{1}{10^3} \cdot [-M_{b,h}(1{,}794 + 2{,}206) -$$
$$- M_{c,h}(0{,}897 + 0{,}893)] = \frac{1}{10^3}[-4{,}0\, M_{b,h} - 1{,}79\, M_{c,h}],$$

$$E\cdot\varphi_{(b,1)v} = -M_{b,v}(\alpha_{b,1}+\lambda'_{b,1}) - M_{c,v}(\beta_{b,1}+\mu_{b,1}') = \frac{1}{10^3}[-M_{b,v}(1{,}794+2{,}278) -$$
$$-M_{c,v}(0{,}897+1{,}224)] = \frac{1}{10^3}\cdot[-4{,}07M_{b,v}-2{,}12M_{c,v}],$$

$$E\cdot\varphi_{(b,2)h} = -M_{b,h}(\alpha_{b,2}+\lambda''_{b,2}) - M_{c,h}(\beta_{b,2}+\mu_{b,2}'') = \frac{1}{10^3}[-M_{b,h}(0{,}897+0{,}893) -$$
$$-M_{c,h}(1{,}794+1{,}323)] = \frac{1}{10^3}\cdot[-1{,}79M_{b,h}-3{,}12M_{c,h}],$$

$$E\cdot\varphi_{(b,2)v} = -M_{b,v}(\alpha_{b,2}+\lambda'_{b,2}) - M_{c,v}(\beta_{b,2}+\mu_{b,2}') = \frac{1}{10^3}[-M_{b,v}(0{,}897+1{,}224) -$$
$$-M_{c,v}(1{,}794+1{,}286)] = \frac{1}{10^3}\cdot[-2{,}12M_{b,v}-3{,}08M_{c,v}],$$

$$E\cdot\varphi_{(c,1)h} = -M_{c,h}\cdot\alpha_{c,1} = -\frac{1}{10^3}\cdot 3{,}29M_{c,h},\quad E\cdot\varphi_{(c,1)v} = -M_{c,v}\cdot\alpha_{c,1} = -\frac{1}{10^3}\cdot 3{,}29M_{c,v}.$$

Mit diesen Werten und $a = 86$, $b = 103$ cm, $E = 2{,}1\cdot 10^6$ erhält man:

$$E(\varphi_{(a,2)h}+\varphi_{(b,1)h}) = E\cdot\frac{a+b}{ab}\cdot h_{b,h},\qquad E(\varphi_{(a,2)v}+\varphi_{(b,1)v}) = E\cdot\frac{a+b}{ab}\cdot h_{b,v},$$

$$E(\varphi_{(b,2)h}+\varphi_{(c,1)h}) = -E\cdot\frac{h_{b,h}}{b},\qquad E(\varphi_{(b,2)v}+\varphi_{(c,1)v}) = -E\cdot\frac{h_{b,v}}{b},$$

$$7{,}40M_{b,h}+1{,}79M_{c,h} = -4480\cdot 10^4\cdot h_{b,h},\qquad 7{,}41M_{b,v}+2{,}12M_{c,v} = -4480\cdot 10^4\cdot h_{b,v},$$

$$1{,}79M_{b,h}+6{,}41M_{c,h} = 2039\cdot 10^4\cdot h_{b,h}.\qquad 2{,}12M_{b,v}+6{,}37M_{c,v} = 2039\cdot 10^4\cdot h_{b,v}.$$

$$M_{b,h} = -732\cdot 10^4\cdot h_{b,h},\qquad M_{b,v} = -769\cdot 10^4\cdot h_{b,v},$$

$$M_{c,h} = 522{,}5\cdot 10^4\cdot h_{b,h},\qquad M_{c,v} = 576\cdot 10^4\cdot h_{b,v}.$$

Setzt man diese Werte für die Lagermomente in die Gl. (c) des Beispiels 4 (S. 66) für die Stützenwiderstände ein:

$$R_a = -0{,}01163\,M_b,$$
$$R_b = 0{,}02134\,M_b - 0{,}00971\,M_c,$$
$$R_c = -0{,}00971\,M_b + 0{,}01406\,M_c,$$
$$R_d = -0{,}00435\,M_c,$$

so erhält man für die durch die Senkung des Lagers B erzeugten Stützenwiderstände:

$$R_{a,h} = 85100\,h_{b,h}\qquad R_{a,v} = 89400\,h_{b,v}$$
$$R_{b,h} = -207000\,h_{b,h}\qquad R_{b,v} = -220000\,h_{b,v}$$
$$R_{c,h} = 144600\,h_{b,h}\qquad R_{c,v} = 155700\,h_{b,v}$$
$$R_{d,h} = -22700\,h_{b,h}\qquad R_{d,v} = -25100\,h_{b,v}.$$

Senkt sich daher das zweite Lager B der Welle um $h_b = 0{,}1$ cm, so ist nach Gl. (64) mit $\vartheta = 30^0$:

$$h_{b,h} = h_b\cdot\sin 30^0 = 0{,}05,\qquad h_{c,h} = h_b\cdot\cos 30^0 = 0{,}0866\text{ cm},$$

$$R_{a,h} = 4255\text{ kg}\qquad R_{a,v} = 7740\text{ kg}$$
$$R_{b,h} = -10350\ \text{„}\qquad R_{b,v} = -19050\ \text{„}$$
$$R_{c,h} = 7230\ \text{„}\qquad R_{c,v} = 13480\ \text{„}$$
$$R_{d,h} = -1135\ \text{„}\qquad R_{d,v} = -2170\ \text{„}.$$

Fügt man diese Werte den im 4. Beispiel gefundenen Werten für die Stützenwiderstände unter der gegebenen Belastung hinzu, so erhält man folgende Gesamtdrücke:

$$R_{a,h} = 1259 \text{ kg} \qquad R_{a,v} = 1125 \text{ kg}$$
$$R_{b,h} = -213 \text{ „} \qquad R_{b,v} = -13060 \text{ „}$$
$$R_{c,h} = 22747 \text{ „} \qquad R_{c,v} = 33015 \text{ „}$$
$$R_{d,h} = 107 \text{ „} \qquad R_{d,v} = 720 \text{ „} .$$

Es fällt daher in der wagrechten Belastungsebene nunmehr fast die ganze Belastung auf das dritte Lager C; aber auch in der lotrechten Belastungsebene ergibt sich eine wesentliche Erhöhung des Drucks auf dieses Lager, das nunmehr einen resultierenden Stützenwiderstand $\boldsymbol{R_c} = \mathbf{40\,100\ kg}$ zu leisten hat, der um $60\,^0/_0$ größer ist als der von der Belastung allein erzeugte. Seine Richtung fällt annähernd mit der Maschinenachse zusammen, er wirkt also nahezu lotrecht.

GPSR Compliance

The European Union's (EU) General Product Safety Regulation (GPSR) is a set of rules that requires consumer products to be safe and our obligations to ensure this.

If you have any concerns about our products, you can contact us on ProductSafety@springernature.com

In case Publisher is established outside the EU, the EU authorized representative is:

Springer Nature Customer Service Center GmbH
Europaplatz 3
69115 Heidelberg, Germany

Batch number: 10683525

Printed by Printforce, the Netherlands